進化論はいかに進化したか

更科功

新潮選書

まえがき

私はネアンデルタール人の子孫である。私の、というか日本人のDNAのだいたい2パーセントぐらい（ちなみに数万年前はもっと多かった）は、ネアンデルタール人から受け継いだものだからだ。

2パーセントというと大したことはなさそうだが、よく考えると、かなりの量だ。おそらく、あなたのおばあさんのおばあさんのおばあさんは、江戸時代の終わりか明治の初めに生きていただろう。あなたのDNAのだいたい2パーセントは、そのおばあさんから受け継いだものだ。だから、あなたがそのおばあさんの子孫であるのと同じくらい、あなたはネアンデルタール人の子孫なのだ。あなたとそのおばあさんの近縁度は、あなたとネアンデルタール人の近縁度と、同じようなものなのだ。百数十年前というわりと最近に生きていたおばあさんと、数万年前というはるかな昔に生きていたネアンデルタール人との近縁度が同じくらいだなんて変な話だけれど、「近縁度」をDNAの類似性という意味で使うなら、これは事実だ。ただ、ネアンデルタール人から受け継いだDNAは、一人のネアンデルタール人から受け継いだものではない。たくさんのネアンデルタール人から受け継いだDNAを、足し合わせたものだ。

そんな私のご先祖様であるネアンデルタール人が、不当に貶められているのを見聞きするたびに、私は心を痛めてきた。たとえば、英語で「ネアンデルタール人のような」といえば、それは「醜い」とか「野蛮な」という意味だ。女性差別や人種差別（遺伝学的には人種というものはないけれど）はいけないけれど、ネアンデルタール人差別は構わないのだろうか。大昔に死んでしまった人については、何を言ってもいいのだろうか（まあ、いいのかもしれないけれど……）。

このように進化の分野では、不当な扱いや誤解は珍しくない。史上もっとも有名な進化学者であるダーウィンも、そして現在の進化学も、たくさんの誤解を受けている。

ダーウィンが『種の起源』を出版したのは1859年だから、日本でいえば江戸時代だ。また、ネオダーウィニズムと呼ばれる説がある。ネオダーウィニズムにはいくつかの意味があるが、たいていは遺伝学とダーウィンの進化論を合わせた説を指す。このネオダーウィニズムが形を整えたのは1940年頃だから、昭和時代の初期だ。こんな昔の学説が、そのままの形で今日まで生き残っているわけがない。ところが、ダーウィンの進化論やネオダーウィニズムが、今日の進化学だという誤解は、最近出版された本などをみても、かなり広まっているようだ。

これは逆にいえば、ダーウィンがとても有名だということかもしれない。しかし、有名であることと、その主張が今でも通用することは、別の話である。日本の戦国時代に活躍した、武田信玄の騎馬隊はとても有名だ。でも、いくら有名でも、今の世の中で、ポニーのような小さなウマに乗って、槍で戦おうとする軍隊はないだろう。

進化学だって、そうだ。ダーウィンがいくら有名でも、今の世の中で、ダーウィンの言ったとおりに進化が起きていると思っている人は……いないだろう、と言いたいが、そうでもないようだ。

現在の進化学は、ダーウィンの進化論とは大きく異なっている。これは、進化学が大きく進歩したということでもあるが、もともとのダーウィンの進化論にも原因がある。ダーウィンの言ったことには、ものすごく重要なことが含まれている一方で、たくさんの間違いもある。両者を区別しないで、ダーウィンの『種の起源』を読めば、何が何だかわからなくなってしまう。そこで本書では、ダーウィンの主張の何が正しくてどこが間違いかを、整理してみた。

ダーウィンの進化論は、現在の進化学にも大きな影響を与えている。第1章で述べるように、ダーウィンの前にも、生物が進化すると考えた人はたくさんいた。有名な人に限っても、何十人もいる。でも、そういう人たちの進化論は進化しなかった。つまり、後の人に受け継がれて発展することはなかった。さまざまな議論を巻き起こしながら、進化論が時代を超えて発展し始めたのは、やはりダーウィンからなのだ。

本書は2部に分けられている。第1部では、ダーウィンを中心にして、誤解されやすい進化の学説について述べてみた。第2部では、生物の進化の歴史において、誤解されやすいポイントを眺めて回ることにした。第2部の一部には、過去の拙著と重なる話題もある。その部分は話題の切り口を変えたりして、過去の拙著を読んで下さった方でも楽しんでいただけるように配慮した。

それでは、まずは160年前に戻って、ダーウィンの間違いから始めよう。

目次　進化論はいかに進化したか

第2部　生物の歩んできた道　157

進化論はいかに進化したか

第1部　ダーウィンと進化学

進化学という分野は、何十年にもわたって同じような誤解やとんでもない説が、繰り返し主張されつづけている分野であり、現在でもその勢いは衰えていない。これは、物理や化学や生物の他の分野などには、あまり見られない特徴と言えるだろう。

とんでもない説は、たいていダーウィンをやり玉に挙げる。たしかに、ダーウィンは重要なことも言ったが、間違ったことも言った。ということで、まずはダーウィンである。

第1章　ダーウィンは正しいか

時をこえて読み継がれる本

私は以前の著書で、アイドルグループのＡＫＢ48をたとえとして使わせていただいたことがある。すると、その本を読んだある先生に、こんなことを言われた。

「アイドルをたとえに使うのは、やめたほうがいいよ。そのアイドルが消えたあとでは、たとえの意味が読者にわからなくなるからね」

でも、私はこう答えた。

「いえ、それは大丈夫ですよ。ＡＫＢ48より先に私の本が消えますから」

現在の日本では数多くの本が出版され、次々に消えていく。統計を見ると、20年ほど前よりも出版点数、つまり出版される本の種類は増えている。ところが、書籍全体の販売額は減っているので、おそらく出版される総部数も減っているのだろう。平均的に考えれば、本が消える速度がますます速くなっているということだ。誰しも自分の書いた本は、末永く読んでもらいたいと思う。しかし、状況はなかなかきびしいようだ。

そんななかで、時をこえて読み継がれている本もある。チャールズ・ダーウィンの『種の起源』（初版1859年、第6版1872年、第6版改訂版〔最終版〕1876年）は、そんな本の一つだ。160年ほど前に出版された本にもかかわらず、現在の日本でも売り上げランキングにチャートインしている。しかも読まれるだけでなく、『種の起源』について書いた本が、今でもたくさん出版されている。まさに著者冥利に尽きると言えるだろう。

しかし、長く読まれてきた本の身になってみれば、それなりの悩みがあるかもしれない。このように広く影響をおよぼしてきた本は、いろいろな読み方がされるので、そのぶん誤解されることも多い。とくに『種の起源』やダーウィンの進化論について一般向けに書かれた本には、誤解が多いように思う。私は個人的にダーウィンを尊敬しているので、そのような本を読むたびに心を痛めてきた。

ダーウィンに対する誤解には、大きく分けて二つのタイプがある。**一つ目はダーウィンの考えを間違えて理解している場合で、二つ目は現在の進化生物学とダーウィンの進化論が異なることを知らない場合だ。**「現在の進化生物学は、突然変異とダーウィンの自然選択だけで進化を説明しようとしている」といった意見が後を絶たないが、それは二つ目のタイプの誤解だろう。

もちろんダーウィンは神様ではない。それにダーウィンは、ずいぶん昔の人である。だから

『種の起源』にはたくさんの間違ったことが書かれている。**現在の進化生物学は、ダーウィンの進化論を基本的には認めていない。**科学は日々進歩していくものだから、１６０年前の理論がそのまま生き残っている方が、むしろ不自然なことなのだ。しかし、**それにもかかわらず、ダーウィンの進化論は現在の進化生物学に非常に大きな影響を与えている。**進化生物学は少しずつ、一歩ずつ発展してきたが、その中でもっとも大きな一歩をしるしたのがダーウィンの進化論なのだ。

　ダーウィンをやみくもに崇拝したり、あるいは逆にむやみに否定したりすることは、ダーウィンに対する理解を妨げるだけだろう。そこで、まずはダーウィンの進化論の、どこが正しくてどこが間違っているのかを検討してみよう。

　ここで注意しなければならないことは、**ダーウィンの進化論と『種の起源』の内容は、必ずしもイコールではない**ということだ。ダーウィンも若いころは、「生物は神によってつくられたもので、進化しない」と考えていた。しかし晩年になるとまったく逆さまに、「生物は神によってつくられたものではなく、進化する」と考えていた（ただし晩年のダーウィンは、自分の立場を無神論ではなく不可知論だと言っていた）。このようにダーウィンの考えは年とともに変化していったが、『種の起源』はその途中で書かれたものである。したがってその内容も、「生物は神によってつくられたものだが、進化する」という中間型になっている。

　人間の考えは生きていくうちに変化するので、一つに決めることは難しい。しかし科学に関する考えは、時間がたつにつれて修正されていくことが多いので、なるべく後の考えを紹介していくことにする。ダーウィンには多くの著書があるが、その中で『種の起源』（第6版）を中心にして、その後の進化に関する著作などを参考にしながら、ダーウィンの進化論とはどんなものかを見てみよう。

『種の起源』は神学書

『種の起源』では、自然選択などの進化の法則は、神が設定したものとみなされている。したがって『種の起源』は、本来は科学的な著作ではなくて神学的な著作である。このスタイルは、初版から最終版まで一貫して変わらない。とはいえダーウィンも人間なので、心は変化する。第1版を書いたころのダーウィンは、字句通りに進化は神が設定したものと信じていたようだ。しかし、それから信仰は弱まっていき、最終版が出たころには、もはやダーウィンに信仰はなかったらしい。それでも『種の起源』は、最終版まで一貫して神学書としてのスタイルを崩すことはなかった。

実際、イングランド教会の高名な聖職者であったチャールズ・キングズリー（1819～1875）は、ダーウィンから贈呈された『種の起源』（初版）を建前通りに神学書として読み、高く評価した。それからキングズリーはダーウィンに礼状を送ったが、この礼状はダーウィンをたいへん喜ばせたようだ。礼状の文章の一部が『種の起源』の第2版に引用されたのである。このころのダーウィンは『種の起源』が神学書として読まれることを、本音で歓迎していたのだろう。

「最初の生物は神によって創造された。それから生物は神の設定した法則にしたがって進化してきた」というのが、字句通りに読んだ場合の『種の起源』の主張である。さて、この文章の前半の「最初の生物は神によって創造された。それから生物は神の設定した……」というところを除いて読むとどうなるだろう? 後半の「(生物は)法則にしたがって進化してきた」というところだけを読めば、『種の起源』は科学書として読めるのだ。そして実際『種の起源』のページの大部分は、この後半の主張のために割かれている。したがって『種の起源』は科学書として読まれることが多いし、本書でも『種の起源』を科学書として扱うことにする。晩年のダーウィンの心情を考えれば、『種の起源』が科学書として読まれることを、ダーウィンも歓迎してくれるのではないだろうか。

進化の証拠

科学書としてみた場合、『種の起源』の主張は、次の三つにまとめられる。

(1)多くの証拠を挙げて、生物が進化することを示したこと。

(2)進化のメカニズムとして自然選択を提唱したこと。

(3)進化のプロセスとして分岐進化を提唱したこと。

それでは、まず(1)から見ていこう。

生物が進化することを主張したのは、実はチャールズ・ダーウィンが初めてではない。というか、生物が進化すると考えた人は、ダーウィン以前にもたくさんいた。古代ギリシアでは、アナクシマンドロス（前610頃～前546頃）や、エンペドクレス（前490頃～前430頃）や、プラトンの甥であるスペウシッポス（前407頃～前339）などがそうだ。また、生物は進化しないと考えていたアリストテレス（前384～前322）でさえ、すぐ後で述べるように、自然選択説に近い発想はしていた。

ダーウィンが生まれる前の18世紀のヨーロッパでは、すでに進化という考えは、知識人のあいだで（認めるか認めないかはともかく）かなり一般的なものになっていた。現在の進化論とは大きく異なっているにせよ、とにかく生物が時間的に変化していくと考えた人なら、百科全書の編纂で有名なフランスのドゥニ・ディドロ（1713～1784）や、ドイツの哲学者イマヌエル・カント（1724～1804）など、多くの名前を挙げることができる。

チャールズ・ダーウィンの祖父であった医師、エラズマス・ダーウィン（1731～1802）も『ゾーノミア』（1794年）、『自然の殿堂』（1803年）といった著作で生物が進化することを述べている。またエラズマス・ダーウィンと同じ時期に、ドイツの文豪、ヨハン・ヴォルフガング・フォン・ゲーテ（1749～1832）やフランスの博物学者、エティエンヌ・ジョフロワ・サンティレール（1772～1844）も、エラズマス・ダーウィンに近い考えを持っていたようだ。

有名なフランスの博物学者、ジャン＝バティスト・ラマルク（1744～1829）も生物は進化すると考えており、『動物哲学』（1809年）でその考えが述べられている。ラマルクは非常に進歩的な考えを持っており、その研究方法はダーウィンやライエル（38ページ）にも大きな影響を与えた。しかし、ラマルクの進化論が後の時代に受け継がれることはなかった。さらに、イギリスの文筆家、ロバート・チェインバーズ（1802〜1871）の『創造の自然史の痕跡』（1844年）も、進化について述べた本である。この本は匿名で出版されたが、ラマルクの本よりもはるかに評判になったらしい。この本によって、認めるか認めないかはともかくとして、進化という考えが多くのイギリス人にとって身近なものになったようだ。ただ評判になっただけあって、『創造の自然史の痕跡』に対する批判や反論も激しく起こり、それにダーウィンはショックを受けたらしい。そして自分の考えを世間に公表することに、ますます慎重になったようだ。

　このように進化論に反対する人もたくさんいた反面、進化論を信じる人もかなりいた。エジンバラ大学の学生だったダーウィンは、動物学者のロバート・グラント（1793〜1874）と知り合った。グラントは進化論者で、まだ聖書の言葉が文字通り正しいと信じていたダーウィンに対し、ラマルクやエラズマス・ダーウィンを賛美したという。ただし、グラントによってダーウィンの考え方が変わることはなかった。ダーウィンが進化を確信するようになったのは、ビーグル号による航海が終わって、イギリスに帰った後のことである。

　さて、すでに進化について論じた人や本がこんなにたくさんあるのに、今でも有名なのは『種の起源』だけである。『種の起源』は、これらの著作とどこが違っていたのだろうか。それは、

進化に対する「自分の考えを述べた」だけでなく「証拠を示した」点にある。つまり「仮説」を立てるだけでなく、それを「検証」しているのだ。

ダーウィンは『種の起源』で、自然界における生物の進化を述べる前に、飼育されている生物の変化、つまり品種の形成について検討している。そこで、「野生のハトから、飼育されているハトの品種が複数生まれた」という考えを述べたところがある。すると次にダーウィンは、それに対する証拠を挙げる。たとえば「品種の種類の方が原種の種類より多い」とか「異なる品種の雑種は完全な繁殖力をもつ（系統が最近分かれたことを示す）」とか「品種同士をかけ合わせると、原種の特徴が現れることがある」といった観察事実を次から次へと挙げるのである。証拠の中には説得力があるものもあるが、ないものもかなりある。しかも数が多い。はっきり言って、私などは読むのがいやになる。しかし、とにかく証拠を挙げて仮説を検証している点は『種の起源』の素晴らしいところだ。

もちろん仮説というものは１００パーセント正しいと証明することはできない。それが科学の宿命である。しかし証拠によって検証すれば、仮説はより確からしいものになる。１００パーセントは無理でも、それに近づくことはできるのだ。

もっとも『種の起源』は、必ずしも仮説と検証といった形にきれいに整理されているわけではないし、じつは検証になっていない検証もかなり混じっているし、同じことが何度も出てくるし、あまり読みやすい本ではない。それでも**『種の起源』は、進化に関する初めての科学的著作とし**

て、**不滅の価値をもっているのである。**

ダーウィンの熱烈な支持者としては、トマス・ヘンリー・ハクスリー（1825〜1895）が有名である（【図1-1】）。ダーウィンの番犬と呼ばれ、論争が嫌いなダーウィンに代わって、さまざまなところで論戦を繰り広げたらしい。だが、ハクスリーはダーウィンが主張した自然選択説については疑問をもっていたようである。もちろん進化は認めていたけれど、ハクスリーが一番感動したのは『種の起源』の内容ではなくて、そこで展開される科学的方法だったのではないか。ハクスリーが守ろうとしたのはダーウィンの進化論ではなく、科学者としてのダーウィンだったのだろう。

【図1-1】トマス・ヘンリー・ハクスリー。写真／Ernest Edwards

自然選択

ダーウィンの業績で一番有名なものは、さきほどの箇条書きの中の「（2）進化のメカニズムとして自然選択を提唱したこと」である。この自然選択は、以下のように表現することができる。

（1）同種の個体間に遺伝的変異（子に遺伝する変異）がある。

（2）生物は過剰繁殖をする（実際に生殖年齢まで生きる個体数より多くの子を産む）。
（3）生殖年齢までより多く生き残った子がもつ変異が、より多く残る。

実は、このような自然選択の考えは、古くからあった。たとえばアリストテレスは『自然学』第2巻で、雨は穀物を生長させるために降るわけではないし、農夫が外に置いた穀物を腐らせるために降るのでもない、と言ったあとで、歯についての話をする。歯はものを嚙むためにつくられたのではなく、偶然あのような形につくられたのだ。そしてうまく嚙める形につくられた歯は保存され、そうでない歯は消滅したのである。このアリストテレスの考えは、不完全ではあるが自然選択説に近い。このように、自然選択の（あるいはそれに近い）原理を考えた人はたくさんいたのである。しかし、そこから導かれる結論は、ダーウィンとは違っていた。

現在の進化生物学では、自然選択の働き方にはいくつかの種類があると考えられている。一つは安定化選択といわれるもので、たとえば中間的な体の大きさが有利なときは、自然選択によって体の大きな個体と小さな個体が除かれる。その結果、体の大きさが変化しないように維持される。もう一つは方向性選択といわれるもので、たとえば体が大きい個体が有利なときは、自然選択によって体が小さい個体が除かれる。その結果、体の大きさの平均値は大きくなる（【図1-2】）。

ダーウィンよりも古くからあった考えは、今で言う安定化選択にあたる。この場合、生物は変化しないので、「生物は進化しない」という考えと矛盾しない。むしろ、この安定化選択は、種

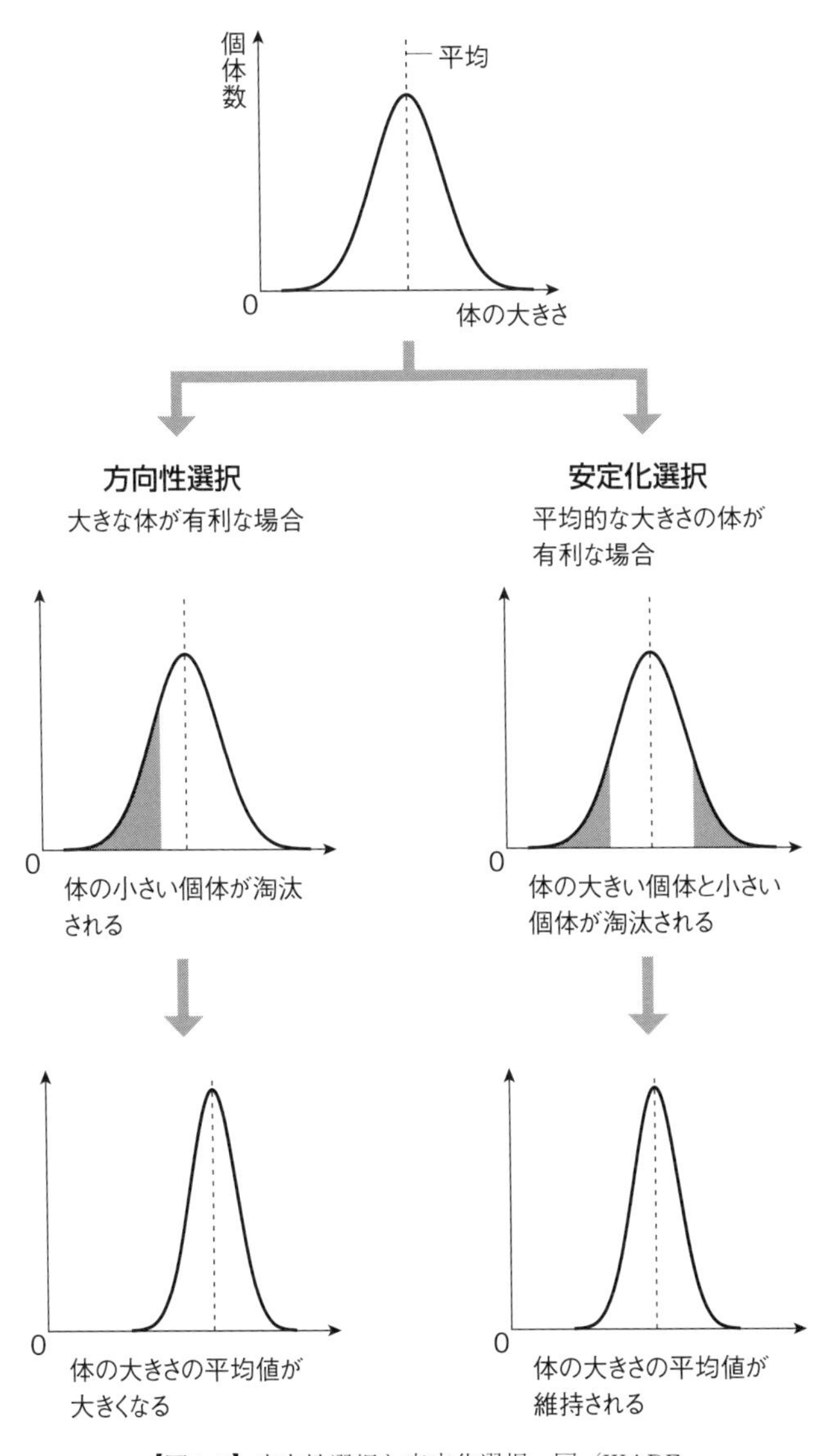

【図 1-2】方向性選択と安定化選択。図／WADE

の不変性を維持する神の摂理と考えられていたようだ。一方、ダーウィンの考えは方向性選択にあたる。そして古くからの考えを二つの点で解釈し直した。一つは自然選択を進化の原動力としたことで、もう一つは自然選択を神の手段ではなく単なる自然現象とみなしたことだ。とはいえ**現実には、安定化選択も方向性選択も存在するのである。**

さて、自然選択の必須の条件は、個体間に変異があることである。実際に自然選択が作用するのは、変異の中でも遺伝する変異だけだが、ともかく変異がなくては自然選択は働かない。そこでダーウィンは『種の起源』の最初で、まず変異について検討している。

少し細かいことになるが、ダーウィンは、自然界の生物より飼育された生物の方が、大きな変異が起こりやすいと述べている。自然界にいた生物が飼育されるようになると、その生物にとってはまわりの環境が大きく変化することになる。この自然から飼育へという環境の変化が変異を誘発すると、ダーウィンは考えたようだ。しかし、これは誤りだ。飼育された生物にも自然界の生物にも、変異は同じ割合で同じように起きる。しかし、自然界の方が生き残るための条件がきびしいので、大きな変異のある個体は除かれてしまうことが多い。そのため、観察事実としては、自然界の生物の変異より飼育された生物の変異の方が大きくなるのだと、現在では考えられている。

さらに、獲得形質が遺伝すると述べているところも誤りだ。環境の変化が原因となって獲得された形質が遺伝することはあるが（121ページ）、ダーウィンが考えていた獲得形質というのは、たとえばトレーニングによって発達した筋肉のようなものだ。このような形質は遺伝しない。実際にダーウィンが『種の起源』で挙げた例は、ウシやヤギの乳をしぼる地域では、ウシやヤギの乳房が大きいことだ。この観察事実の説明として、体のなかでよく使う部分は発達し、それが子に遺伝するからだと、ダーウィンは述べている。だが、それは間違いだ。ウシやヤギの乳房が大きいのは、人間がそういうウシやヤギを選択した結果だろう。

当時は獲得形質が遺伝すると広く信じられており、それを進化のメカニズムとして認めることに、ダーウィンもそれほど抵抗はなかったのだろう。しかもダーウィンは、後になるほど獲得形質の遺伝を重要視するようになったが、それには理由がある。

自然選択の作用はゆるやかだとダーウィンは考えていたので、最初に生命が誕生してから現在までには、非常に長い時間がかかったと推測していた。ところが1862年以降になると、物理学者のケルビン卿トムソン（1824～1907）が、いくつかの物理学的な方法で地球の年齢を推定した。その結果、地球の年齢は2000万年から4億年と推定された。ずいぶん幅があるが、たとえ4億年であっても、ダーウィンにとっては短すぎる値だった。もっとも今から考えれば、トムソンは二つの点で間違っていた。地球の構造を一様としたことと、地球の内部の放射性元素による熱の生成を知らなかったことだ。実際には地球の年齢はおよそ45・5億年であり、これならダーウィンも納得したかもしれない。しかし当時のダーウィンは、トムソンの推定を無視することができなかった。そこで、進化をスピードアップしなければならなくなった。そのため、獲得形質の遺伝を進化のメカニズムに加えたのである。

地球の年齢の推定について、たしかにトムソンは間違っていた。でも、ダーウィンが正しかったのかというと、そういうわけでもない。ダーウィンは崖が海によって浸食される速度から地球の年齢の一部（第三紀の年代）を計算したが、その計算にはミスがあった。それを指摘されたダーウィンは、『種の起源』の第3版から、その部分を削除している。

さらに、ダーウィンは遺伝的なメカニズムを知らなかったために、困った問題が起きた。私たちヒトも含めて多くの生物は、オスとメスで子供を作る有性生殖を行っている。その場合、子は父親と母親の形質（生物のもつ特徴）を半分ずつ受け継ぐ。したがって、もしも父親の形質に素晴らしい変異が起きたとしても、その変異は子供に伝わると半分に薄まってしまう。孫に伝わると、さらに薄まる。そして、ついには消えてしまうだろう。このような遺伝の仕方を混合遺伝という。これでは自然選択が働くことはできない。このような論理で、電気技術者のフリーミング・ジェンキン（1833～1885）は、1867年に匿名で発表した『種の起源』の書評の中で、自然選択説を批判した。

混合遺伝はメンデル以降の遺伝学の発展によって否定されたが、ダーウィンの時代には可能性の高い説だった。そこで、ダーウィンも何らかの対応をしなくてはならなかった。実はダーウィンはジェンキンによる書評が発表される少し前から、パンジェネシス仮説というものを考えていた。生物の体の中には、いたるところにジェミュールという粒子がある。ジェミュールは体の各部の特徴を決めている粒子である。そして遺伝とは、ジェミュールが生殖細胞に集まって子に伝えられる現象である。これがパンジェネシス仮説で、もちろん現在では否定されている。だが、ダーウィンにとっては、獲得形質の遺伝をうまく説明できるよい仮説だと思えたのだ。

しかもジェミュールは粒子なので、両親から子に伝わっても薄まらない。したがってパンジェネシス仮説が正しければ、ジェンキンの批判にも答えることができる。ダーウィンにとってパンジェネシス仮説は、素晴らしい仮説だったのだ。

ダーウィンの従兄弟に、優生学で有名なフランシス・ゴルトン（1822〜1911）がいる。彼はダーウィンと連絡を取りながら、パンジェネシス仮説の検証を行った。まず、ジェミュールは血液によって生殖細胞に運ばれると仮定した。そして、ウサギの異なる品種間で輸血を行い、そのウサギの子供に他の品種の特徴が現れるかを調べた。しかし残念ながら、ウサギの子供に他の品種の特徴は現れなかった。ゴルトンは、パンジェネシス仮説は否定されたと考えた。しかしダーウィンは、ジェミュールは血液にのって移動するとは限らないと言って、パンジェネシス仮説を捨てなかった。

分岐進化

前述したように、ダーウィンよりも前に、生物が進化すると考えた人はたくさんいた。しかし、それらの人々が考えた進化は、すべて直線的な進化だった。**一つの種が二つの種に分かれて、つ**

まり種分化して、枝分かれ的に進化すると考えたのはダーウィンが初めてなのだ。

たとえばラマルクは、すべての生物は下等なものから高等なものへと進化していくと考えた。ただし、ラマルクによる生物の分類を見ると、入れ子状に表現されている。たとえば、哺乳類の中に無蹄哺乳類と有蹄哺乳類などがあり、無蹄哺乳類の中にはクジラやイルカなどがいて、有蹄哺乳類の中にはウシやラクダなどがいる、といった感じである。素直に考えれば、これは枝分かれ的な進化を示しているように思える。「哺乳類の祖先」が、まず「無蹄哺乳類の祖先」と「有蹄哺乳類の祖先」に分岐した。その後、「無蹄哺乳類の祖先」からクジラやイルカなどが分岐し、「有蹄哺乳類の祖先」からはウシやラクダなどが分岐した。そう考えるのが自然だろう。

いや、実はラマルクも、ある程度はそう考えていたようだ。しかし、少しだけ違うのだ。ラマルクは、下等な生物は、生物でない物質からいつも自然に発生していると考えていた。そして生まれた下等な生物は、それぞれに進化の道を歩み始める。どの進化の道も、すべて下等な生物から高等な生物へと向かう道だ。しかし生物の進化は、まわりの環境にも影響される。下等から高等へという大筋は変わらなくても、環境によって少しだけ道筋が変化することはある。まあ、誤差のようなものだろう。つまり進化における誤差が、分類における枝分かれ的な表現になると考えたのである。

大きなグループ（たとえば哺乳類と鳥類）が進化の過程で分かれたと、ラマルクは考えていた。しかし、そのグループの中で種が分かれたと考えていたかどうかはよく分からない。種分化については、あまり深く考えていなかったのかもしれない。

しかしダーウィンの考えた進化は、一つの系統が二つに分かれていく本当の分岐進化だった。1種が2種に分岐するメカニズムとして、ダーウィンは2通りのメカニズムを考えていたようだ。**一つは何らかの理由で生物集団が二つに分断される場合だ。**山脈などができて地理的に隔離される場合などが、わかりやすい例だろう。

もう一つは生物集団が分断されない場合で、ダーウィンはこちらを種分化のメカニズムとして重要視していたようだ。たとえば、ある種が広い範囲に連続的に分布していて、その両端ではかなり環境が異なる場合を考えよう。その分布域の両端に住んでいる生物は、別々に異なる環境に適応していく。その結果、徐々に種分化が進行するというのである。

現在では遺伝的浮動（124ページ）など、他にもさまざまな種分化のメカニズムが提唱されている。ダーウィンが考えた種分化のメカニズムも、1番目は問題ないし、2番目も「分布域の両端の間で遺伝的な交流が少ない」という条件つきなら可能だろう。ダーウィンは知らなかったが、この2番目のメカニズムの例が、アフリカの大湖地域で報告されている。およそ1000万年前に形成されたタンガニーカ湖には約200種のシクリッドという魚がすんでいる。遺伝的な解析から、タンガニーカ湖のシクリッドは、ただ1種の祖先から種分化したと考えられている。湖の中にはシクリッドを分断させるようなはっきりした構造がないので、2番目のメカニズムが働いた可能性が高いのである。

以上に述べたように、ダーウィンの進化論には間違いもたくさんあるし、揚げ足をとろうと思ったらいくらでもとれそうだ。しかし、自然現象としての自然選択を進化のメカニズムとしたこと、分岐進化を提唱したこと、そして何よりも科学的な進化の研究をスタートさせたことは、ダーウィンの不朽の業績といえるだろう。

第2章　ダーウィンは理解されたか

広まったのはダーウィンの進化論ではなくスペンサーの進化論

前章でイングランド教会のチャールズ・キングズリーが『種の起源』を高く評価した話をしたが、アメリカのハーバード大学の植物学者であったエイサ・グレイ（1810～1888）も、『種の起源』を神学書として賞賛する書評を1860年に発表した。ダーウィンはこのような評価を歓迎していたので、自ら費用を出して、このグレイの書評を小冊子として出版した。タイトルは『自然神学と矛盾しない自然選択』である。そして『種の起源』第3版（1861年）には、この小冊子の広告が掲載された。

このようにグレイは『種の起源』を高く評価していたのだが、進化のメカニズムである自然選択に関しては、ダーウィンと異なる意見をもっていた。同種の個体間には遺伝的変異（子に遺伝する変異）があり、この変異に自然選択が作用する、というところまでは、グレイもダーウィンも同じである。しかし、変異のでき方について、意見が分かれたのだ。

ダーウィンは、変異はランダムに生じると考えていた。ランダムに生じた変異の中から、生存力や繁殖力を高める変異が、自然選択によって残ると考えたわけだ。しかしグレイは、変異の生じ方そのものが、神によって方向づけられていると考えていた。これは大きな違いで、ダーウィンの主張する自然選択とは相いれない。そこでダーウィンとグレイは、手紙で議論をすることになる。

ダーウィンは『種の起源』の初版を書いたころは、自然選択を神の設定した法則とみなしていた。しかし、グレイと議論をしていくうちに、神の設定した法則という考え自体に疑いを持ち始めた。

グレイが主張するように、変異が神によって方向づけられているのなら、なぜ有害な変異が生じるのだろう？　神がそんなことをするだろうか。おそらく神は、自然選択という法則を最初に設定しただけなのだ。設定した後の自然選択は自動的に働くので、神は直接介入しないのだろう。これが『種の起源』の初版を書いたころのダーウィンの考えだ。一応これでスジが通っているように思えるが、ダーウィンはその先まで考えるようになった。たとえば、自然選択は自分に有利なように働くが、このような利己主義が本当に神の計画に入っているのだろうか？　そんなことまで考えたダーウィンは、徐々にキリスト教から距離をおくようになっていく。

つまりダーウィンが「生物が進化する」と言ったとき、そこには「進歩する」とか「良くな

る」といった方向性は含まれていないのだ。「進化」とは、単に「（遺伝する形質が）変化」することに過ぎないのである。そしてこれは、現在の進化生物学の考えでもある。

ところで、生物とは関係なく、「進化」という言葉が使われることがある。たとえば現在でもテレビのコマーシャルなどで、「カメラは進化する」と言ったりする。この場合は「進化」という言葉に、「進歩」や「良くなる」という意味をもたせているわけだ。

「生物の進化」と「カメラの進化」では、「進化」の意味が違う。それを理解しているなら、なんの問題もない。しかし実際には両者を混同しているケースが少なくない。実はこのような混同は、ダーウィンの時代から始まっていたのである。

現在のイギリスやアメリカでは、（生物の）進化を意味する言葉として「エボリューション（evolution）」が定着している。しかし、ダーウィンが『種の起源』の初版を書いたころは、そうではなかった。ダーウィンは、進化を意味する言葉として「descent with modification」を用いている。これは「変化しながら系統がつながっていくこと」で、「変化を伴う由来」と訳されることが多い。しかし、それでは少しわかりにくいので、ここでは「系統の変化」と訳しておこう。

しかし、『種の起源』も第5版以降になると、「系統の変化」とともに「エボリューション」も使われるようになる。これは、進化を広く世間に紹介した文筆家、ハーバート・スペンサー（1820〜1903）の影響らしい。ちなみに『種の起源』の初版では、「系統の変化」は18回使われているが、「エボリューション」は1回も使われていない。それが第6版改訂版（最終版）になると、「系統の変化」の23回に加えて、「エボリューション」も8回（「evolutionist［進化論者］」も入れると10回）使われている。

もっとも世間では、スペンサー以前からエボリューションという言葉を、進化の意味で使うことがあったようだ。とはいえ、エボリューションという言葉が広まったのは、スペンサーの説く哲学がイギリスで人気を博したからである。ダーウィンの『種の起源』が版を重ねていく間に、スペンサーは進化の意味でエボリューションを使い始めたのだ。そして「系統の変化」よりも「エボリューション」の方がよく使われるようになってしまった。そこでダーウィンも、「エボリューション」を使い始めたのだろう。

ところが困ったことに、ダーウィンの「系統の変化」とスペンサーの「エボリューション」は、意味が少し違うのだ。万物が進歩するとみなしたスペンサーは、当然生物も進歩していくと考えた。だからスペンサーのエボリューションには進歩という意味が含まれている。しかしダーウィンがエボリューションという言葉を使った場合は、進歩という意味は含まれていない。日本語の「進化」も英語の「エボリューション」も、進歩という意味があるように誤解されやすい言葉なのである。

ダーウィンの『種の起源』によって、進化論が広く受け入れられるようになったことは事実だろう。**しかし広く受け入れられたのは、ダーウィンの進化論ではなく、スペンサーの進歩的進化論だったのだ。**残念なことにその状況は、現在の日本でもあまり変わっていないようである。

ダーウィンの番犬とオックスフォード主教の論争

『種の起源』はキリスト教界から激しく批判されたイメージがあるが、すべてのキリスト教徒から批判されたわけではない。それは、キングズリーやグレイのようなキリスト教徒が、『種の起源』を高く評価したことからも明らかである。とはいえ『種の起源』が、かなりのキリスト教徒から批判を浴びたことも事実だ。

たしかに『種の起源』の初版を出版したころのダーウィンは、キリスト教に対する通常の信仰心はなくしていたようだ。それでも宇宙に秩序をもたらす神、つまり自然神学的な神は信じていた。『種の起源』の最終版を出版したころには、自然神学的な神も信じなくなっていたようだが、それでも『種の起源』は最後まで神学書としてのスタイルを崩さなかった。それほどキリスト教と軋轢を起こすような本には思えないのだが、一体どこが問題だったのだろうか。

1860年の6月から7月にかけて、イギリス科学振興協会の会合がオックスフォードで開かれた。前年の11月には『種の起源』の初版が出版されていた。1250部が刷られたが、注文が1500部もあったらしい。そこで急遽、一部を修正して版を組み直し、1860年1月には第2版3000部が刊行された。それから約半年後に開かれた会合ということになる。

ダーウィンは体調が悪く欠席していたが、この会合で進化論に関する論争が繰り広げられた。特に、ダーウィンの番犬と呼ばれたトマス・ヘンリー・ハクスリーと、オックスフォード主教のサミュエル・ウィルバーフォース（1805〜1873）の論争が有名である。ウィルバーフォース（【図2-1】）はハクスリーに、「あなたのご先祖はサルだということですが、それはお祖父さんの側ですか、それともお祖母さんの側ですか?」と尋ねた（『ダーウィンの時代』松永俊男、名古屋大学出版会）。それに対してハクスリーが反論し、論争はハクスリーの勝利に終わったという。とはいえ、ことの真相は定かではない。具体的に二人がどのような発言をしたのかは、よくわからないし、議論に勝ったのはウィルバーフォースだという話さえある。公式の記録はないのだ。

【図2-1】サミュエル・ウィルバーフォース。写真／Julia Margaret Cameron

ウィルバーフォースは会合に先立って、ある雑誌に『種の起源』に対する書評を書いていた。会合でのウィルバーフォースの具体的な発言はわからないにしても、その内容はだいたい書評に書かれているようなことだろう。その書評を読むと、ウィルバーフォースは自然選択のメカニズムをきちんと理解しており、それが実際に働いていることも認めていたことがわかる。ダーウィンと違うところは自然選択を、種を変化させないように働くと考えた点だ。前章でも触れたが、これは今でいうところの安定化選択に当たる。世界が今より悪くならないように神が設定した法則が、自然選択だと言うのである。

一方、ダーウィンは、自然選択を進化の原動力と考えていた。つまりウィルバーフォースとは反対に、種を変化させるように働くと考えたのだ。これは今でいうところの方向性選択に当たる。

現在では自然選択は、安定化選択として働く場合も方向性選択として働く場合も、両方あることが知られている。**平均的な形質の個体が有利なときは安定化選択が、極端な形質の個体が有利なときは方向性選択が働くのである。**そして実際に自然選択が働くときには、方向性選択よりも安定化選択の方が多いと考えられる。ウィルバーフォースの言ったことは、必ずしも間違いではなかったのだ。

また、ダーウィンは『種の起源』で、自然選択による進化がおきている根拠の一つとして、飼育された生物の品種改良を挙げている。ウィルバーフォースはこの部分についても、自然選択と品種改良を比較するときの問題点を的確に指摘している。ウィルバーフォースの批判はなかなか的を射ていたのだ。

そしてダーウィン自身も、ウィルバーフォースの意見をきちんと受け止めていた。知人へ出した手紙の中でダーウィンは、『種の起源』の中で確信がもてなかった部分をウィルバーフォースは見事に指摘していると、謙虚に認めているのだ。

以上の事実から考えて、1860年のイギリス科学振興協会の会合に先立って、ウィルバーフォースが『種の起源』をきちんと読み、その内容を理解し、問題点を把握していたことは確かだろう。そんなウィルバーフォースの発言が、一部で信じられているような愚かなものであったはずがない。

このようにキリスト教界の中にも『種の起源』を正確に理解していた人々がおり、彼らは『種の起源』を高く評価したり、的確な批判をしたりしてくれた。それらの建設的な意見がダーウィンの思索を深め、進化論の発展に寄与したことは、覚えておいてよいことだろう。キリスト教界がそろって激しく『種の起源』を攻撃したわけではないのだ。ちなみに、ハクスリーがダーウィンの番犬と呼ばれるようになったのは、この会合の後からだそうである。

ヒトを野獣におとしめた

ダーウィンの進化論の中でもっとも批判が集中したのは、ヒトと他の動物を連続的につないだことだった。こういう批判をした人々は、ダーウィンが親しくしている知人のなかにも結構いた。チャールズ・ライエル（1797〜1875）の著書である『地質学原理』は、ダーウィンの愛読書であり、彼の進化論の形成に重要な役割を果たしたことが知られている。またライエルはダーウィンと親交もあり、ダーウィンにいろいろと便宜を図ってくれた。そんなライエルでも、ヒトが下等な生物から進化してきたとは信じられず、そのために進化論自体を認めることができなかったのである。

ダーウィンとは独立に自然選択を発見したとされるアルフレッド・ラッセル・ウォレス（18

23〜1913）は礼儀正しい人物で、ダーウィンを尊敬していた（【図2-2】）。ウォレスの進化論はかなり優れたもので、自然選択を提唱しただけでなく、生物は種分化しながら進化することも主張している。また、自分の説を観察事実によって検証もしている。前章では『種の起源』の主張を、

（1）多くの証拠を挙げて生物が進化することを示したこと。
（2）進化のメカニズムとして自然選択を提唱したこと。
（3）進化のプロセスとして分岐進化を提唱したこと。

の三つにまとめたが、これらに近い主張をウォレスもしているのだ。

【図2-2】アルフレッド・ラッセル・ウォレス。写真／Maull & Fox

もちろん細かく見れば、ダーウィンとウォレスの考えには違うところが、たくさんある。たとえばダーウィンは、進化のメカニズムはいくつかあり、その中の一つを自然選択と考えたが、ウォレスはほぼ自然選択だけが進化のメカニズムであると主張した。

またダーウィンは、生物の体のなかには適応していない部分もあると考え

ていたが、ウォレスは生物の体のすべての部分は適応していると考えていた。ダーウィンが「生物は環境に完全には適応していない」と考えた理由の一つは外来種の存在である。もし生物が完全に適応しているはずである。一方、他の場所から新しくやってきた外来種は、その地域にあまり適応していない。したがって生存競争において、在来種は必ず外来種に勝つはずだが、実際にはそうではないからだ。

さらに、自然選択が作用する対象についていえば、ダーウィンは個体と考えていたが、ウォレスは個体だけでなく種にも自然選択が作用すると考えていた（これらについてはすべて、ダーウィンの考えの方が事実に近い）。しかし最大の違いは、ヒトについての考え方だろう。

ダーウィンはヒトにも他の生物と同様に、自然選択が働くと考えていた。ヒトと他の生物を、進化的には完全に連続したものと考えていたのである。これはヒトの肉体だけでなく精神についても当てはまる。ダーウィンは『種の起源』の第5版と第6版の出版の間に、『人間の由来』（1871年）を出版している。この本では美的感覚や道徳などの、ヒトの高度な精神作用も進化によって形成されたことが主張されている。他の生物にも精神作用の萌芽的な形が見られることがある。それらとヒトの精神作用との間に、進化によって越えられないギャップはない、とダーウィンは言うのである。

一方のウォレスは、ヒトの高度な知的能力だけは自然選択の例外だと主張した。ウォレスがこのように主張し始めたのは1869年のことなので、その2年後に出版されたダーウィンの『人間の由来』は、これに対する反論の意味もあったようだ。ウォレスは物質世界のほかに精神世界のようなものを考えていた。ヒトの精神は進化の途中で神から肉体に与えられたもので、自然選択によって作られたものではないという。ウォレスでさえも、ヒトと動物を連続的につなぐことはできなかったのだ。

少し細かいことをいえば、ウォレスは、ヒトの高度な知的能力も、ヒト以外の知的能力も、発達段階としては連続しているという。しかし、ヒト以外の知的能力は自然選択によって進化するが、ヒトの高度な知的能力は自然選択では進化せず、霊的なものが関与しているという。ちょっとわかりにくいが、とにかくヒトだけは別格ということだろう。

ライエルやウォレスでもそうなのだから、『種の起源』をヒトを野獣におとしめる受け入れがたい書物と感じた人々がたくさんいたことは、想像に難くない。しかし、このような印象を持たれたからといって、それは『種の起源』の科学書としての価値を何ら損ねるものではない。むしろ世界観のパラダイムを変えたことに対する勲章と考えた方がよいかもしれない。

ウォレスはダーウィンの死後、自分の進化論をまとめた書物を出版した。ダーウィンを尊敬していたウォレスは、その書物に『ダーウィニズム』とタイトルをつけた。とはいえ、その本を書いたのはウォレスなので、中身はウォレスの進化論である。ダーウィンの進化論とは異なり、適応万能主義の考えが述べられている。ウォレスは「進化のメカニズムは自然選択しかない」とまでは言わないが、「他のメカニズムに比べて圧倒的に自然選択が重要だ」と考える。そして、自然選択だけで進化は（ヒトの精神を除けば）ほぼすべて説明できると主張する。これが適応万能主義だ。

ところが、ウォレスの『ダーウィニズム』は、『種の起源』よりも読みやすいため、『種の起源』よりもはるかに多く読まれたらしい。現在でも、自然選択による適応万能主義をダーウィニズムと呼ぶことがあるが、これはダーウィンの考えではなくウォレスの考えである。

以上に述べてきたように、キリスト教界がこぞってダーウィンの進化論に反対したわけではないし、ダーウィンに好意的な人々が必ずしもダーウィンの進化論に全面的に賛成していたわけでもない。スペンサーの進化論やウォレスのダーウィニズムは、ダーウィンの進化論とは異なるものなのだ。ダーウィンの進化論に対する誤解は、ダーウィンに反対していた人々ではなく、むしろダーウィンを敬愛していた人々によって広まってしまったようである。

第3章　進化は進歩という錯覚

ジャンケンに勝って社長になる

前章で『種の起源』出版後に広まったのは、ダーウィンの進化論ではなくスペンサーの進化論だと述べた。ダーウィンは進化と進歩を結びつけて考えなかったが、スペンサーは進化とは生物が進歩することだと考えていた。でも、それのどこが問題なのだろう。進化って進歩することではないのだろうか。

私たちも大昔は、単細胞の細菌だった。それが長い時間をかけて進化して、多細胞の魚になった。それからまた長い時間をかけてサルになり、それからチンパンジーのような脳の大きい類人猿になり、それからもっと脳が大きくなって、最終的にはヒトへと進化したのだ。すなおに考えれば、**やはり進化というものは進歩していくことに思える。でも、ちがうのだ。それは錯覚なのである。**

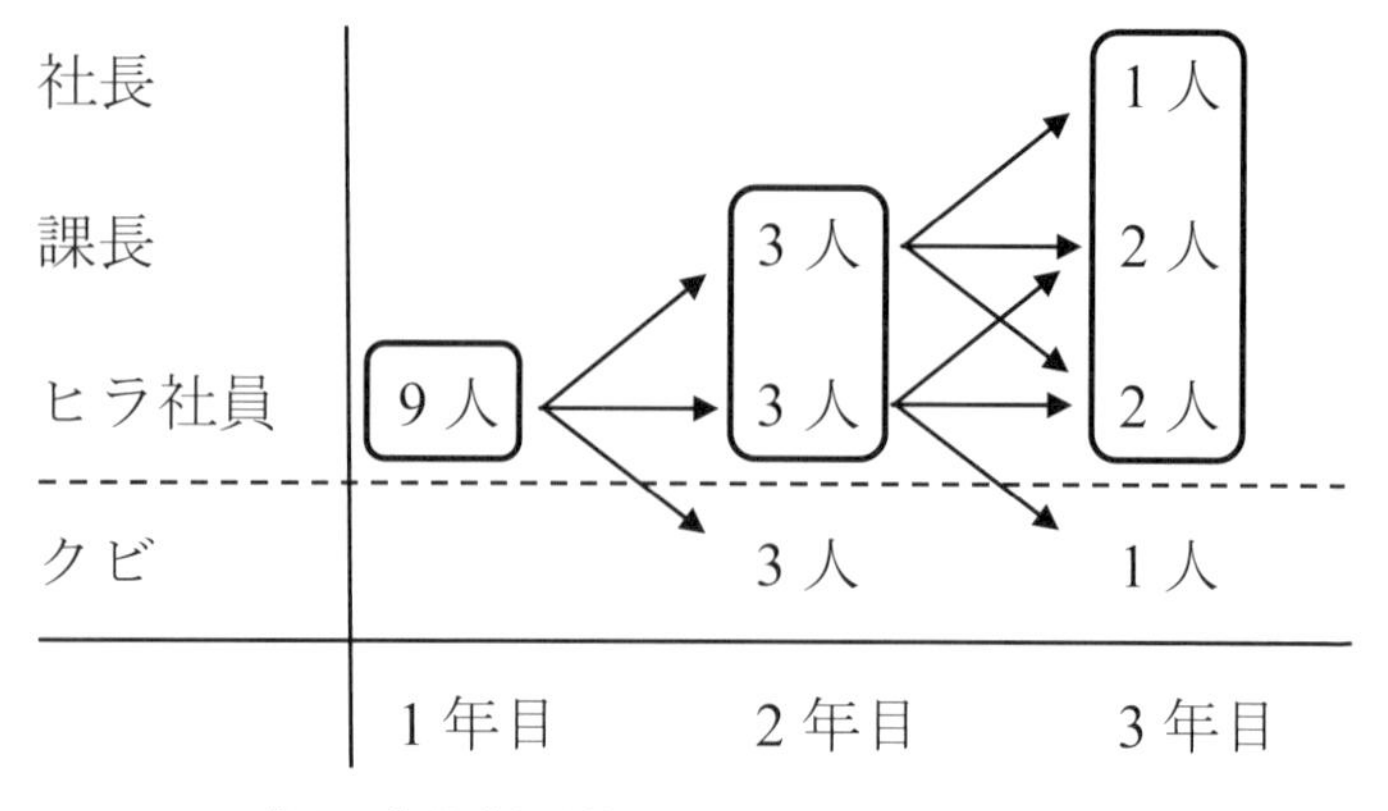

【図3-1】昇進と降格がジャンケンで決まる会社。

学校を卒業して会社に入ったとしよう（【図3－1】）。その会社には地位が三つあった。ヒラ社員と課長と社長だ。最初はヒラ社員から始まって、働きぶりに応じて昇進していくのが普通かもしれない。しかし、この会社の昇進規定はユニークだった。新年度になると社員同士でジャンケンをして、勝ったら昇進、負けたら降格、あいこなら同じ地位に残留するのだ。勝つか、負けるか、あいこになるかは同じ確率なので、課長が3人いたら、来年度はそのなかの一人は社長に昇進し、一人は同じ課長にとどまり、一人はヒラ社員に降格するのである。

その会社に9人の新入社員が入った（単純にするため、その他の社員は無視しよう）。期待に胸を膨らませていたのだが、会社人生はきびしい。2年目になるときにジャンケンをした結果、9人のうちの3人は降格になった。ヒラ社員より下だから、つまりクビだ。クビになったら、もう再び雇ってはもらえない。別の3人はヒラ社員のままで、残りの3人はめでたく課長に昇進した。3年目になるときも、やはり降格、残留、昇進は3分の1ずつだ。また一人クビになり、ヒラ社員は二人、課長も二人、そして一人はついに社長に昇りつめた。

この会社では、ジャンケンで昇進と降格が決まるため、一人一人の社員に昇進しやすいとか降格しやすいといった傾向はない。でも全体的に考えると、昇進していく傾向があるように見えてしまう。1年目には9人すべてが平社員だった。しかし3年目には平社員が二人、課長が二人、社長が一人になったのだ。ヒラ社員が100パーセントだった1年目に比べれば、全体的には偉くなったといってよいだろう。

一人一人には昇進する傾向がなくても、全体的には昇進しているように見える。その理由は、最初全員がヒラ社員だったからだ。それ以下には、降格できないからだ。クビになれば、もはや社員ではないから、社員としてはカウントされない。したがって、ヒラ社員が生き残っていくためには、道は二つしかない。残留か、昇進かだ。その結果、社員全体としては昇進していく傾向があるようにみえるのである。

これは、生物の大きさを考えるとわかりやすいだろう。約40億年前に地球（あるいは、ひょっとしたら火星）で生まれた生物は、小さな細菌だった。おそらくその細菌は、生物としては最小のサイズだった。そのとき、生物が進む道は二つしかなかった。同じ大きさでいるか、大きくなるかだ。それ以上小さくなると生きていけないので、小さくなるという選択肢はない。会社をクビになるようなものだ。その結果、進化自体には大きくなる傾向がなかったとしても、全体的に考えれば生物は大きくなっていくのである。

もちろん環境によっては、生物は大きくなるほうが有利な場合もある。クジラは最大の動物だが、もっと大きくなっていく可能性がある。一方、インドネシアのフローレス島では、数万年前に身長が1メートルほどの人類（ホモ・フロレシエンシス）や小さなゾウが住んでいた。明らかに、体が小さくなるように進化したのだ。生物のサイズを決める要因はいくつもあるだろうが、その結果、大きくなることもあれば小さくなることもあるのだ。

トカゲはイヌのように大量の尿を出さない

でも、こうは考えられないだろうか。新入社員のなかで社長になった人が一人だけいた。その社長がこの3年間を振り返ったら、いつも昇進してきたなあ、としみじみ思うだろう。確かにその社長には、とくに昇進する傾向というか、昇進する能力はなかったかもしれない。ジャンケンに勝ち続けただけなのだから。でも、昇進してきたのは事実である。それは認めてあげないといけないだろう。

ヒトの進化も同じではないだろうか。確かに進化そのものには進歩するという傾向はなかったかもしれない。でも結果として、ヒトは進歩するように進化してきたのではないか。

確かにもっともな意見だ。この意見を検討するために、ヒトの進化について考えてみよう。【図3－2】の系統樹Aは脊椎動物のものである。進化の途中で、陸上生活に適応していく出来

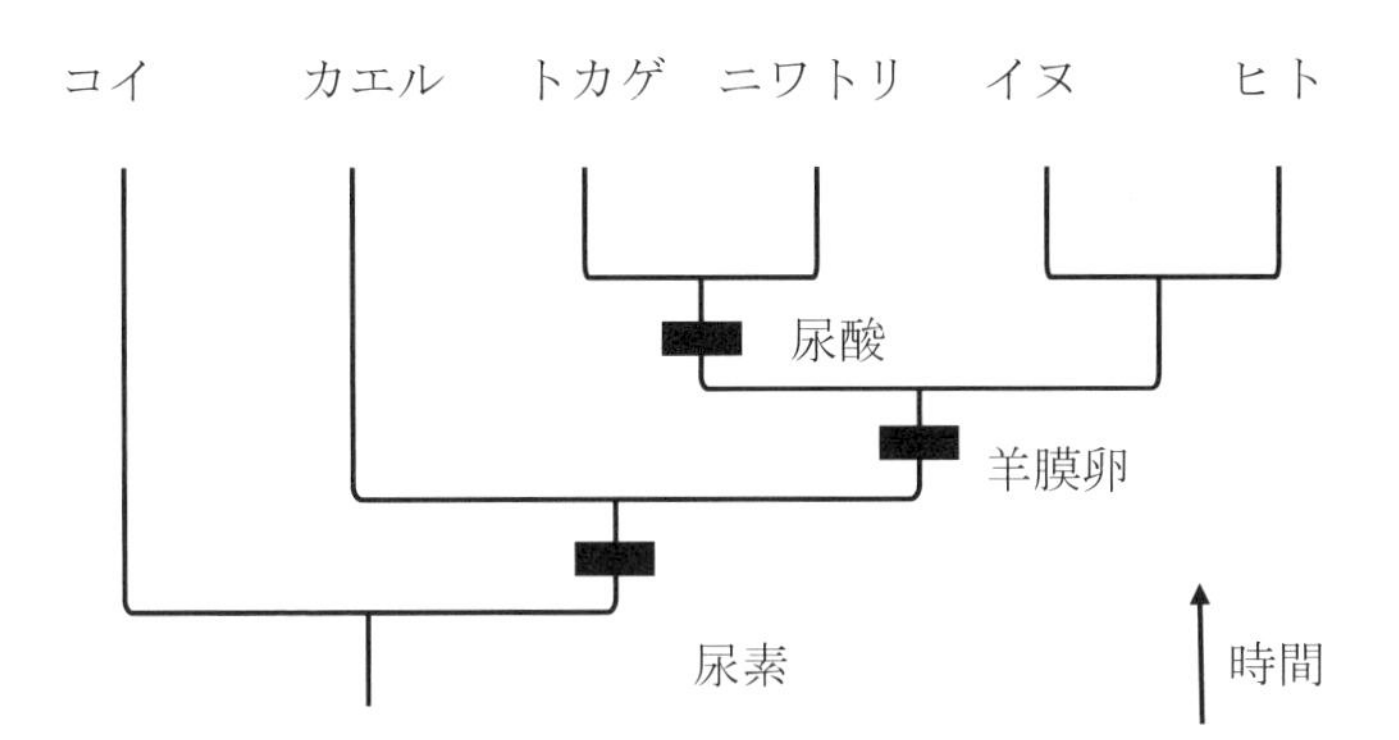

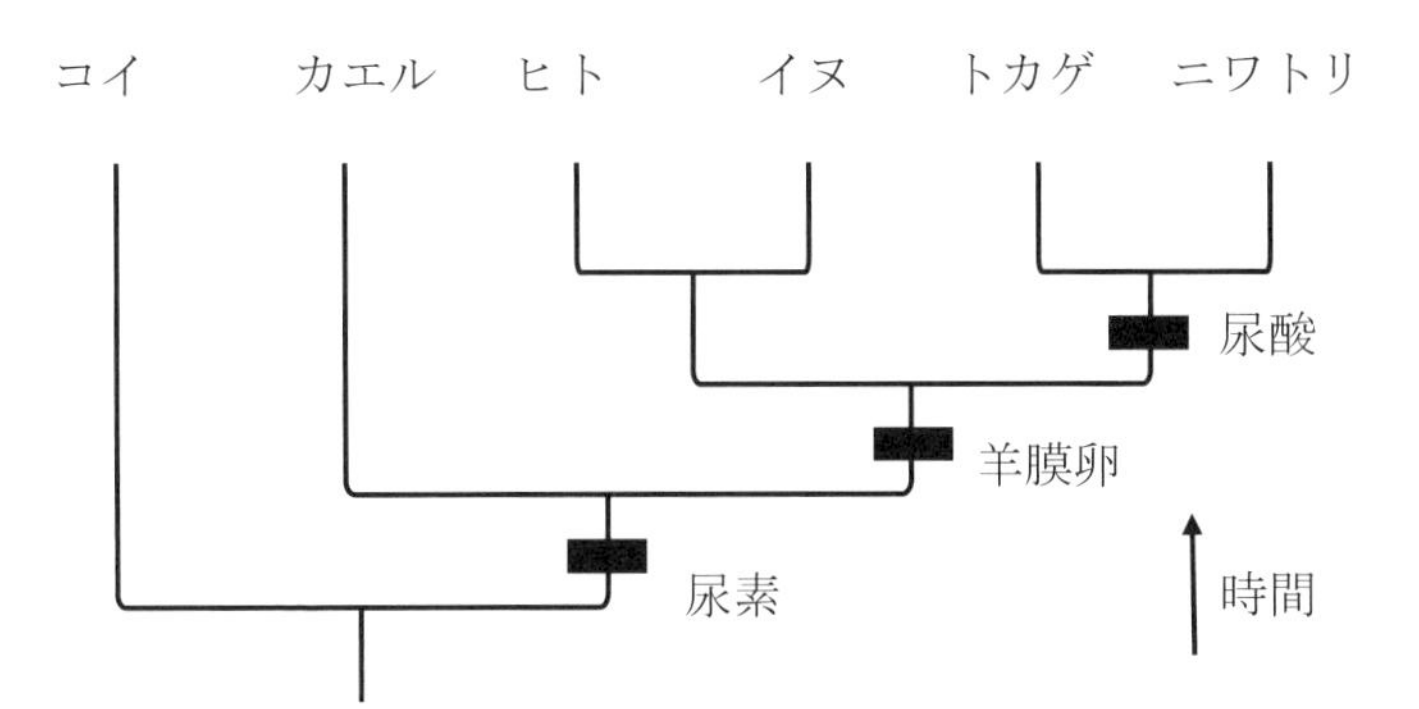

【図 3-2】脊椎動物が陸上生活に適応していく過程で重要な、三つの進化的変化。

事が、三つの黒い四角で示してある。

脊椎動物の体はたくさんのタンパク質でできている。そして古くなったタンパク質は分解されて体の外に捨てられる。このタンパク質が分解されると、できるのがアンモニアである。

アンモニアは有害な物質なので、あまり体内にためておくのはよくない。水に混ぜて捨てなければならないのだが、昔はとくに困らなかった。私たちの祖先は魚類であり、海や川に住んでいたからだ。体のまわりには大量の水があるので、アンモニアを捨てるために、水がいくらでも使えたのである。

だが、陸に上がった両生類のカエルには、そういうことができなかった。陸上には水が少ないので、なかなかアンモニアを捨てられない。そこで、とりあえずアンモニアを尿素に作り変えるように進化した。これが系統樹のなかの一番下の黒い四角である。尿素も無毒ではないが毒性が低いので、ある程度なら体の中にためておくことができるのだ。

でも、カエルは水辺からあまり離れて生活することができない。それは卵が柔らかくて、すぐに乾燥してしまうからだ。だから、ほとんどのカエルは卵を水中に産む。水辺を離れて生活するためには、つまり、さらに陸上生活に適応するためには、卵が乾燥しない工夫をしなければならない。

その工夫を進化させたのが羊膜卵である（真ん中の黒い四角）。羊膜卵とは、簡単にいうと、羊膜で作った袋の中に水を入れ、その中に胚（発生初期の子供）を入れた卵である。袋の中の水に、子供をボチャンと入れておけば、乾燥しないからだ。さらに卵の外側に殻を作って、乾燥しにくくしている。この羊膜卵を進化させた動物は、羊膜類と呼ばれ、水辺から離れて生活することができるようになった。この初期の羊膜類から爬虫類や哺乳類が進化したのである（間違えやすいが、爬虫類から哺乳類が進化したわけではない）。

爬虫類や鳥類にいたる系統では、さらに陸上生活に適した特徴が進化した。すでに述べたように、毒性の高いアンモニアを、毒性の低い尿素に作り変えるようには進化していた。しかしさらに、その尿素を、尿酸に作り変えるような進化が起きたのである（一番上の黒い四角）。

尿酸も尿素のように毒性が低い。でも尿酸には、その他にもいいことがある。尿酸は水に溶けにくいので、捨てるときにほとんど水を使わなくていいのだ。

陸上に住んでいる動物にとって、水を手に入れるのは大変なことである。だから捨てる水もなるべく少なくしたい。それなのに私たちは、結構たくさんの尿を出さなければならない。もったいない話である。一方、カラスやトカゲなら、尿は少なくてすむ。カラスやトカゲが、イヌみたいにシャーと大量の尿を出している姿を見た人はいないはずだ。そもそもカラスなどの鳥は、尿を体の中にたくさんためていたら体が重くなってしまう。それでは、うまく飛べないだろう。尿素を尿酸に作り変えることができる爬虫類や、爬虫類から進化した鳥類は、私たち哺乳類よりもさらに陸上生活に適した動物なのである。

ヒトは進化の最後の種ではない

【図3－2】の系統樹Aと系統樹Bは、同じ系統関係を表している。しかし、見た目の印象はだいぶ違う。よく目にするのはAのような系統樹だ。これだと、ヒトは進化の最後に現れた種で、一番すぐれた生物であるかのような印象を受ける。

しかし陸上生活への適応という意味では、Bのような系統樹のほうがわかりやすい。トカゲのほうがヒトより陸上生活に適応しているのだから。系統樹Bを見ると、ニワトリが進化の最後に現れた種で、一番すぐれた生物であるかのような印象を受ける。もちろんそれは正しくない。この系統樹に書かれている種は、すべて現在生きている生物である。だから、コイもカエルもヒトもイヌもトカゲもニワトリも、すべて進化の最後に現れた種と言える。そして、陸上生活という点からみれば、一番すぐれた種はトカゲとニワトリなのである。

もしも「走るのが速い」ことを「すぐれた」と言うのなら、この系統樹の中で一番すぐれた生物はイヌだろう。「泳ぐのが速い」のはコイだろうし、「計算が速い」のはヒトだろう。何を「すぐれた」と言うかによって、つまり何を「進歩」と考えるかによって、生物の順番は入れ替わるのだ。

さっきは「陸上生活に適した」ことを「すぐれた」と考えたが、「水中生活に適した」ことを「すぐれた」とすれば、話は逆になる。コイに比べてトカゲは、陸上生活に適した特徴が発達したが、水中生活に適した特徴は退化したのだ（**ちなみに「退化」の反対は、「進化」ではなく「発達」**

である。「退化」は進化の一種だ）。「水中生活に適した」ことを「すぐれた」とすれば、もちろん一番すぐれた生物はコイになる。

いろいろと考えてみると、**客観的に「進化は進歩である」というのは無理そうだ。適当に一つの価値観を決めて、ある状態を「すぐれた」とか「進歩した」とか言うことはできるかもしれない。でもそれは、主観的な基準にすぎない。**

それでは最後に、よく話題になる脳の大きさについて考えてみよう。脳が大きいことは良いこととされることが多い。しかし、脳はものすごくエネルギーを使う器官である。私たちヒトの脳は体重の2パーセントほどしかないにもかかわらず、体全体で消費するエネルギーの20～25パーセントを使ってしまう。脳は、燃費の悪い自動車のような器官なのだ。もしも飢饉が起きて農作物が穫れなくなり、食べ物がなくなれば、脳が大きい人から死んでいくことになるだろう。だから食糧事情が悪い場合は、脳が小さい方が「すぐれた」状態だ。しかし好きなだけ食事ができるのであれば、脳は大きい方がよいかもしれない。つまり脳が大きい方がよいか小さい方がよいかは、ケース・バイ・ケースなのだ。

実際、人類の進化をみると、脳は一直線に大きくなってきたわけではない。ネアンデルタール人は私たちヒトより脳が大きかったけれど、ネアンデルタール人は絶滅し、私たちヒトは生き残った。その私たちヒトも、最近1万年ぐらいは脳が小さくなるように進化しているようだ。これらの事実は、脳は大きければ良いわけではないことを、私たちに教えてくれる。

第4章　ダーウィニズムのたそがれ

自然選択説は人気がなかった

ダーウィンの『種の起源』が1859年にイギリスで出版されると、すぐに世界のさまざまな言語に翻訳されはじめた。翌1860年にはアメリカ版（これはもちろん英語）とドイツ語訳が出版された。1862年にはフランス語訳、1864年にはオランダ語訳、イタリア語訳、ロシア語訳、1869年にはスウェーデン語訳が出版され、『種の起源』はイギリスのみならず多くの国で知られるようになった。ちなみに日本語には、1896年に学習院の教育学者、立花銑三郎（1867〜1901）によって、『生物始源』というタイトルで、『種の起源』（第6版）が翻訳されたのが最初である。

こうして進化という現象は、広く社会に認められるようになっていく。とはいえ、必ずしもダーウィンの考えがすべて認められたわけではなかった。生物が進化することや分岐進化は広く認められたものの、ダーウィンが進化のメカニズムとして提唱した自然選択は人気がなく、認める人も少なかった。

ドイツの生物学者であるエルンスト・ヘッケル（1834〜1919）はダーウィンに好意的で、進化という考えをドイツに普及させることに積極的だった。1866年にはダーウィンの家も訪れている。

またヘッケルは、生物の系統樹を初めて描いた人物でもある。系統樹は『種の起源』の主張の一つである分岐進化をわかりやすく図示したものだ（次頁【図4-1】）。単一の共通祖先が、系統を枝分かれさせながら進化してきた結果、現在のさまざまな生物が生まれた。それをヘッケルは、樹木の形で表現したのである。

『種の起源』の三つの主張は（1）生物が進化すること、（2）自然選択説、（3）分岐進化説、であり、ヘッケルは（1）と（3）には賛同していた。しかしヘッケルでも、（2）の自然選択説には賛同できなかったようだ。このあたりは、ダーウィンの番犬と呼ばれたハクスリーの考えと似ている。

じつは、過去の生物を研究している古生物学者（ヘッケルも含めてよいだろう）は、たいていダーウィンの自然選択説には反対していた。そして、ラマルクに近い考えを支持していた。「よく使う器官が発達してそれが次の世代に受け継がれていく」という用不用説（獲得形質の遺伝を認める考えの一つ）が中心的な考えで、ネオラマルキズムと呼ばれる。その代表的な人物は、多くの

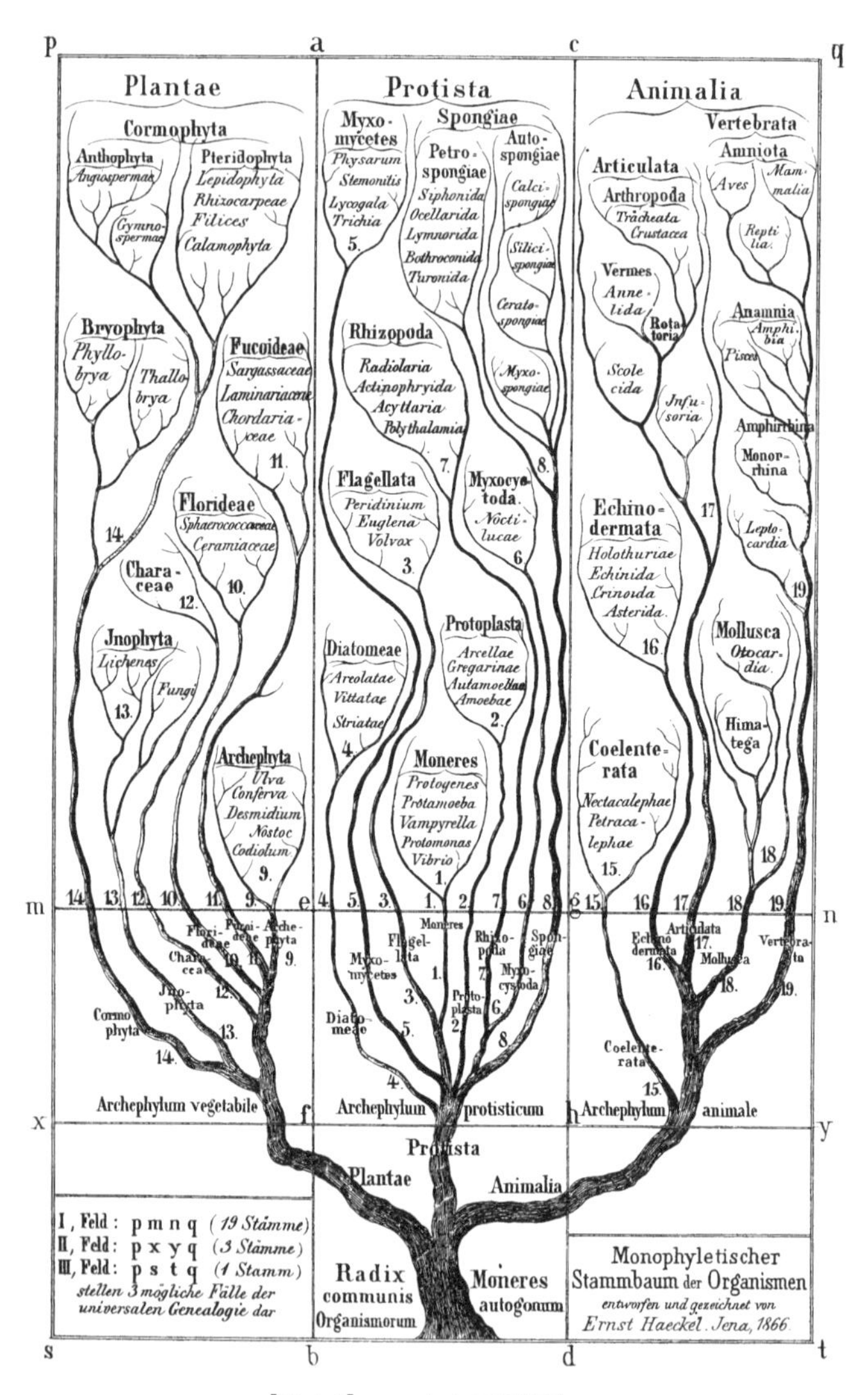

【図 4-1】ヘッケルの系統樹。

恐竜化石を新種として発表したアメリカの古生物学者、エドワード・ドリンカー・コープ（1840〜1897）である。このように古生物学者がダーウィンの自然選択説に反対したのは、第8章で述べるように、化石記録とダーウィンの説が矛盾するように見えたことが原因だろう。

こういう傾向は、日本でも数十年前まで残っていたようである。ある日本の高名な古生物学者が1961年に出版した『進化学』という本には、「古生物学者は必然的にラマルキストである」と述べられている。もちろん、これは昔の話であり、今はそんなことはない。

また、『種の起源』の完成に最大の貢献をした人物であるジョゼフ・ドルトン・フッカー（1817〜1911）も、長いあいだ自然選択説には反対していた。フッカーはダーウィンの友人で、植物学者である。ダーウィンがビーグル号による航海で採集した植物標本は、フッカーの父が所長をしていた王立キュー植物園などに送られたが、フッカーはその標本の調査もしている。ダーウィンとフッカーの親交は、ダーウィンがビーグル号の航海から帰国した後で始まったが、それから二人は生涯の親友となった。

ダーウィンが、自分が考えている進化論を初めて打ち明けたのも、フッカーだった。1844年のことである。ちなみに、ダーウィンがビーグル号の航海から帰国したのが1836年、『種の起源』の出版は1859年だ。当時のフッカーは進化論を認めていなかったが、ダーウィンを尊敬している優れた科学者フッカーに打ち明けたのは正解だった。フッカーは進化論をすぐに認めたわけではなかったが、それでもダーウィンの研究には全面的に協力してくれた。文献や標本をダーウィンのもとに送ったり、自分の研究室でダーウィンのための実験をしたり、植物の分類や地理的分布を教えたりしたのである。もしもフッカーがいなければ、『種の起源』が出版されることはなかっただろう。

このフッカーがやっと進化論を支持するようになったのは1859年のことだ。『種の起源』が出版される直前である。フッカーの場合はハクスリーやヘッケルとは違い、自然選択説もすぐれた理論として認めたようだ。しかし、ダーウィンの学説を熟知していたフッカーでさえも、自然選択説を含めた進化論を認めるのに15年もかかった。自然選択説は本当に人気がなかったのである。

大突然変異説が現れて自然選択説は衰退した

オランダのユーゴー・ド・フリース（1848〜1935）も、ダーウィンの説に疑いをもっていた研究者の一人だった。

ド・フリースは、草原に生えているオオマツヨイグサのなかに、ときどき異常なものが混ざっていることに気がついた。異常なオオマツヨイグサには色々なものがあった。大きなもの、小さなもの、葉が長いもの、変わった花をもつものなど、どれも正常なオオマツヨイグサとは簡単に区別することができた。

そこでド・フリースは、オオマツヨイグサを栽培して実験を始めた。すると異常なオオマツヨイグサは、1代か2代で急激に生じることが明らかになった。ド・フリースは、この現象を「突然変異」と命名した。この突然変異の発見によって、ダーウィン説の問題点が解決されると、ド・フリースは考えたのである。

ダーウィンは、進化はゆっくりと漸進的に起きると考えていた。小さな変化が世代ごとに積み重なって、生物は変化していくというわけだ。しかし、オオマツヨイグサや私たちヒトのような、有性生殖をする生物では、小さな変化を積み重ねるなんて無理ではないだろうか。なぜなら、そういう変化をもたない通常の個体と交配することによって、世代が進むごとに変化が薄められてしまうからだ。インクと水が混ざると、インクが薄くなるようなイメージだ。

しかしオオマツヨイグサのように、突然変異によっていきなり形が大きく変化するのであれば、何世代にもわたって変化を積み重ねなくても済む。しかも同じような突然変異は、繰り返し何度も起きるので、突然変異を起こした個体同士で集団を作ることができる。この集団のなかで交配が行われて、個体数が増えていけば、新種が形成されるだろう。このようなメカニズムで進化が起きるという考えを大突然変異説といい、ド・フリースによって1901年に発表された。

大突然変異説も自然選択を認めないわけではないけれど、それは突然変異によって出来た、劣った個体を除去する力と考えていた。第1章で述べたように、自然選択の中には安定化選択や方向性選択など、いくつかの種類がある。ダーウィンより前の時代には、自然選択（という言葉はなかったけれど、それに当たる概念はあった）は劣った個体を除去する安定化選択と考えられていた。

つまり自然選択は、生物を進化させない力だったのだ。しかしダーウィンは、安定化選択だけだった自然選択に、方向性選択を加えた。つまり同じ自然選択を、生物を進化させる力として再発見したのだ。ところが大突然変異説は、自然選択を再びダーウィン以前の、安定化選択だけの姿に戻してしまったのである。

そうは言っても、大突然変異説にはダーウィンにとって有利な観察事実もあった。化石によって生物の進化を辿ろうとすると、祖先と子孫のあいだを埋めるような、中間形の化石がなくて困ることが多い。これは、漸進的な進化を考えていたダーウィンにとっては、困った問題だった。ところが大突然変異説なら、この問題は解決する。突然変異によっていきなり大きく形態が変化するのだから、中間形の化石などなくて当然だ。

ダーウィンが困っていた二つの問題、つまり世代ごとに変異が薄まることと、化石に中間形がないことを、大突然変異説は両方とも解決したように見えた。人気が出ないはずがない。おもな進化のメカニズムとして、突然変異による形態の大きな変化を考える大突然変異説の登場によって、自然選択説の影は薄くなっていくのである。たとえば、アメリカの植物学者であるジョージ・レドヤード・ステビンズ（1906〜2000）は、1926年にハーバード大学で、自然選択説はまったく不適切な理論であると教わったという。また、ステビンズが読んだスウェーデン人が著者の有名な教科書には、ダーウィンの理論はずっと前に捨てられていると書いてあったという。今ではちょっと考えられないが、そんな時代もあったのだ。

マンモスの牙は自然選択では進化しない？

19世紀後半から20世紀初頭にかけては、大突然変異説の他にもいろいろな進化論が提唱された。たとえばドイツの生物学者であるモーリッツ・ヴァーグナー（1813〜1887）は、世界各地を探検して様々な動物を観察した。陸上に棲む動物が、海や砂漠を越えることは大変だ。このような地理的障壁があると、動物は自由に行ったり来たりできなくなるだろう。実際に地理的障壁の両側では、種や種の組み合わせが大きく異なることをヴァーグナーは観察して確かめた。このような観察事実をもとにヴァーグナーは、進化のおもなメカニズムは地理的に隔離されることだという隔離説を1868年に発表した。

現在の進化学でも、地理的に隔離されることは、種が分かれる原因の一つと考えられている。次章で述べる総合説を支持する研究者の多くも、種分化における地理的隔離の重要性を強調している。しかしヴァーグナーは隔離説を提唱しただけでなく、ダーウィンが唱えた自然選択を、地理的隔離に比べれば重要ではないと考えたのである。

古生物学者のあいだではラマルク説の人気が高かったと述べたが、ドイツのテオドール・アイマー（1843〜1898）などが提唱した定向進化説も、古生物学者のあいだで人気があった。進化は生物の内部にある力によって起こり、一定の方向に進んでいくという説である。たとえば、シカの角は大きくなるように進化するし、ゾウの牙は長くなるように進化する。その結果、オオ

【図4-2】北米に住んでいたコロンビアマンモス。牙が非常に長い。
写真／Wolfman SF（at the George C. Page Museum）

ツノジカの大きすぎる角やマンモスの長すぎる牙が進化したというのである（【図4-2】）。角や牙も、適切な大きさなら役に立つ。しかし、大き過ぎたら役に立たないばかりか、むしろ邪魔になる。オオツノジカの角やマンモスの牙は発達しすぎた器官であり、こういう器官が自然選択で進化することはありえない。そう言って、定向進化説を支持する人々も、自然選択説を批判したのである（これらの現象は、現在では性選択〈自然選択の一つ〉で説明されている）。

しかし自然選択説にとってもっとも深刻な打撃となったのは、オーストリアの修道院の司祭であるグレゴール・ヨハン・メンデル（1822～1884）によって発見された、遺伝の法則だった。その法則は1865年にメンデルによって発表され、19

00年ごろにド・フリースなどによって再発見された。メンデル説によれば、遺伝という現象は、何らかの粒子によって情報が伝えられることである。となれば世代を経るにつれて、インクが薄まるように、変化が薄まっていく心配をしなくて済む。メンデル説はダーウィン説にとって追い風になるはずだったのだが……。しかしそうはならなかった。

メンデル説によれば、遺伝とは何らかの粒子によって情報が伝えられることだと考えられる。したがって遺伝する変異は、不連続な変異になるはずだ。たとえば、エンドウマメの色は緑色か黄色のどちらかで、中間はない。ところが実際には、連続的な変異というものもある。これは粒子による遺伝では説明できない。ということは、連続的な変異が生じる原因は、遺伝ではないということになる。おそらく連続的な変異は、生まれた後の環境によるもので、遺伝しない変異なのだろう。成長期に満足に食事ができないと身長が低くなることがあるが、そんなイメージだ。さきほど、ダーウィンには悩みが二つ（世代ごとに変異が薄まること、化石に中間形がないこと）あると書いたが、三つ（粒子遺伝では連続的な変異ができないこと）に増えてしまったわけだ。

では、このような粒子による遺伝が正しいとして、新しい種を作るにはどうすればよいだろう。それには、数回の突然変異が起きて、形態が不連続に変化すればよい。突然変異だけで新種ができるのであれば、自然選択など必要ない。そもそも連続的な変異は遺伝しないのだから、連続的な変異に自然選択が作用して、漸進的に進化するなどありえない。メンデル説は、自然選択説に引導を渡す考えだったのである。

ダーウィニズムは死んだ

『種の起源』の三つの主張である（1）進化説（生物が進化すること）、（2）自然選択説、（3）分岐進化説、のうち（1）と（3）はすぐに認められた。イギリスでは『種の起源』の出版から10年も経つと、進化はかなり常識的なものとなり、ダーウィンは有名人になった。ダーウィンが亡くなったときには、国王の戴冠式が行われるウエストミンスター寺院で葬儀が行われたが、これはダーウィンの業績が、イングランド教会によって認められたことを意味している。しかし**ダーウィンの生存中に、（2）の自然選択説に賛同した人は、少数だったのである。**

ダーウィンの番犬と呼ばれたトマス・ヘンリー・ハクスリーの孫であるジュリアン・ハクスリー（1887～1975）によれば、20世紀初頭には「ダーウィニズムは死んだ」とよく言われていたらしい。ジュリアン・ハクスリーは、自然選択の重要性を正しく認識していた少数派の科学者の一人だが、彼自身も当時の状況を「ダーウィニズムのたそがれ」と呼んでいた。そもそも祖父のトマス・ヘンリー・ハクスリーでさえ、自然選択説を完全には認めていなかったのだ。この場合のダーウィニズムは、自然選択説のことだろう。凋落したのは、（1）生物が進化することや（3）分岐進化説ではなく、（2）自然選択説なのだ。

ダーウィンは、自然選択だけが進化のメカニズムだと考えていたわけではない。しかし、前にも述べたように、自然選択だけが圧倒的に重要な進化のメカニズムだと考えるウォレスの著書に

『ダーウィニズム』というタイトルがつけられ、『種の起源』よりも売れたようだ。そんなことも、ダーウィニズムが進化のメカニズムとして自然選択だけを意味するようになったことに、関係しているだろう。

ちなみにウォレスが『ダーウィニズム』を出版したのは、ダーウィンが死んで7年が経った1889年である。ダーウィンの唱えた自然選択説が凋落していく中で、自然選択説の正しさを社会に広めようというウォレスの気概が伝わってくるような本だ。ウォレスが自分の著書にダーウィンの名前を冠したのは、ウォレスの謙虚な人柄と、ダーウィンへの尊敬の念を示している。ウォレスは『ダーウィニズム』の中で、自分はダーウィンの初期の見解を支持すると述べている。ウォレスにとっては、『種の起源』の初版を出版した頃のダーウィンが、本当のダーウィンだったのだろう。その後、『種の起源』にさまざまな反論がなされ、ダーウィンは考えを少しずつ変えていく。しかし、ウォレスは、『種の起源』に対する反論には根拠がなく、ダーウィンは考えを変える必要はなかったと思っていた。したがって、ウォレスの『ダーウィニズム』の内容は、『種の起源』の初版を出した頃のダーウィンの考えに近いものの、『種の起源』よりも自然選択の重要性を強調したものになっている。

ダーウィンの考えでも、現在の進化生物学でも、進化のメカニズムとして考えられているのは自然選択だけではない。しかしダーウィニズムといったときには、進化のメカニズムとしては、ほぼ自然選択しか考えていない。**ダーウィニズムはダーウィンの考えとは違うし、もちろん現在**

の進化生物学とも違うものだ。

最後に一つだけ、つけくわえておこう。ダーウィニズムが凋落していくなかで、ドイツの動物学者であるアウグスト・ヴァイスマン（1834〜1914）は、進化のメカニズムは自然選択だけであると主張した。ヴァイスマンは1880年代に発見された染色体や減数分裂などの細胞学的な知識にもとづいて、自然選択万能主義を唱えたのである。この説はいわゆるダーウィニズムであるが、突然変異も進化の重要なメカニズムと考えるので、ネオダーウィニズムと呼ばれることもある。

ヴァイスマンは細胞を、2種類に区別した。次の世代に受け継がれる可能性のある生殖細胞と、その個体が死んだら終わりである使い捨ての体細胞である。この分け方は、現在の生物学でも使われている。ヴァイスマンも、体細胞は環境の影響を受けるだろうとは思っていた。しかし、その影響は生殖細胞に伝わらないので、次の世代には受け継がれないと考えたのである。よく使う器官は発達するが、それは次の世代に受け継がれない（用不用説の否定）という考えだ。しかし当時は、この説を実験的に検証するのは困難だった。ヴァイスマンといえばネズミの尾を切った実験が有名だ。尾を切除したネズミの親から産まれた子孫を数世代にわたって数百匹観察したが、どの子孫にも尾の異常はなかったという実験である。しかし、この実験によって、ヴァイスマンの説が支持されるわけではない。用不用説は「よく使う器官は発達し、使わない器官は退化する」という説だ。だが、尾を使わないことと、尾を切ることは違う。この実験で用不用説を検証することはできないのだ（もっとも、ヴァイスマン自身もそのことはわかっていた）。彼に賛同する者が少なかったのも無理のないことかもしれない。今から考えれば、ヴァイスマンの主張のほとんどは正しかったのだけれども。

第5章　自然選択説の復活

遺伝する変異も連続的になる

19世紀後半から20世紀初頭にかけて、自然選択説は人気がなかった。しかしそれは、ある程度は仕方のないことだった。当時の科学的な知識で考えれば、自然選択による進化は、ありそうもないことに思われたのだ。しかしこの期間にも、科学的知識は着実に積み重ねられていた。そして自然選択説が抱えていた問題は、少しずつ解決されていくのである。

そういう問題の一つが「粒子遺伝では連続的な変異ができない」ことだ。ふつうに考えれば、粒子遺伝による変異は不連続的になるはずだ。ある遺伝子があるかないかという二者択一で、形質が決まるからだ。しかし、この問題は、イギリスの遺伝学者であるケネス・マザー（1911〜1990）が1943年に提唱したポリジーン説によって解決することになる。

遺伝子はDNAの一部であるが、同じ遺伝子なら、どの人のDNAでも同じ位置にある。このような、遺伝子がDNA上の位置を、遺伝子座という。たとえば、身長を決める遺伝子Aがあったとしよう。遺伝子Aは、どの人でもDNA上の同じ位置、つまり同じ遺伝子座にある。

ここで、一部の人は、遺伝子Aのあるべき遺伝子座に、遺伝子Aとほとんど同じだが少しだけ異なる遺伝子aを持つとする。このAとaのように、同じ遺伝子座にある異なる遺伝子同士を対立遺伝子という。異なるといっても少しだけだ。もし遺伝子Aやaが1000塩基からできているとすれば、Aとaで異なるのはそのうちの1塩基か2塩基ぐらいだ（遺伝子によってこの数はかなり変化する）。

さて、この遺伝子Aやaは、身長を決める遺伝子だとしよう。たとえば、Aを持つ人は身長180センチメートル、aを持つ人は身長160センチメートルに成長する。この場合、身長の変異は2通りで、その違いは20センチメートルだ。

遺伝子Aとは別の遺伝子座にある遺伝子Bも、身長を決める遺伝子だとする。遺伝子Bには二つの対立遺伝子Bとbがある。対立遺伝子Bは身長を10センチメートル高くするが、対立遺伝子bは身長を変化させない。この場合は、身長の変異は4通りになる。遺伝子型がABなら（180+10=）190センチメートル、Abなら（180+0=）180センチメートル、aBなら（160+10=）170センチメートル、abなら（160+0=）160センチメートルだ。そして、それぞれの身長の違いは10センチメートルになる。さっきの20センチメートルより、間隔が狭くなったわけだ。

このように、身長に関わる遺伝子の数が増えるほど、身長の変異の数は増加し、その分変異の間隔は狭くなっていく。私たちヒトでは、1000個以上の遺伝子が身長に関わっているので、事実上、身長は連続変異になっている。このように一つの形質（ここでは身長）を決めるのに関係している多くの遺伝子のことをポリジーンという（個々の遺伝子を指す場合も、一つの形質に関係する遺伝子群全体を指す場合もある）。

エジプトの巨大なピラミッドの形は、四角錐ではない。近くから見れば、ピラミッドの表面はなめらかな斜面ではなく、階段状にギザギザしている（【図5-2】）。でも遠くから見れば、なめらかな斜面に見える（【図5-1】）。実際には不連続なのに、連続的に見えるという点では、身長もピラミッドも似たようなものだろう。

マザーは観察や実験によって、ポリジーンの存在を確認したわけではなかったが、それでもポリジーン説には説得力があった。そして当時はもちろん現在でも、広く認められる説となったのである。

こうして連続的な変異も、粒子遺伝説で説明ができるようになった。つまり連続的な変異は遺伝しないと主張する根拠がなくなったのである。したがって、連続的な変異の中で遺伝するものがあれば、その変異については自然選択が働くことができる。**ポリジーン説は自然選択説にとって、追い風になったのである。**

【図 5-1】エジプトのギーザのピラミッド群。遠くから見ると、なめらかな四角錐に見える。写真／Ricardo Liberato

【図 5-2】エジプトのギーザのピラミッド。近くで見ると、石を積み上げて作られていることがわかる。写真／Ichiro Shouji

変異は薄まらない

自然選択説にとって困った問題の一つだった「粒子遺伝では連続的な変異ができないこと」は、ポリジーン説で解決された。それでは、もう一つの困った問題だった「世代ごとに変異が薄まること」はどうなっただろうか。こちらは、時間的には前後するが、1908年に発見されたハーディ・ヴァインベルクの定理によって解決することになる。

ダーウィンは、両親の遺伝物質が半分ずつ混ざり合って子に伝わるという、混合遺伝説に悩まされていた。混合遺伝説が正しければ、自然選択は働かないからだ。たとえ有利な変異が現れて、その変異に自然選択が働いたとしても、その変異は世代が替わるたびにどんどん薄まってしまう。そして、ついにはなくなってしまうだろう。首の長いキリンが選択されても、首の短いキリンが選択されても、時間がたてばみんな普通の首の長さのキリンに戻ってしまうのだ。しかしダーウィンの死後、変異は世代が替わってもなくならないことが明らかになる。

アメリカの細胞学者であるウォルター・サットン（1877〜1916）は染色体や減数分裂を発見して、メンデル説を実際の細胞分裂のプロセスによって説明することができた。これでメンデル説は、ゆるぎない確かな説となった。そして、イギリスの数学者、ゴッドフレイ・ハロルド・ハーディ（1877〜1947）とドイツの医師、ヴィルヘルム・ヴァインベルク（1862〜1937）によって、ハーディ・ヴァインベルクの定理が1908年に独立に発見される。このハーディ・ヴァインベルクの定理によって、世代が替わっても変異は（ある条件のもとでは）減らないことが証明されたのである。

私たち動物は、父親と母親から遺伝子を受け継ぐ。したがって、ほぼ同じ遺伝子セットを二つ持っており、2倍体の生物といわれる。つまりAという遺伝子があれば、私たちはそれぞれの細胞の中にAを二つずつ持っている。この状態をAAと表し、遺伝子型という。

ところが、遺伝子Aの遺伝子座に、Aの代わりにaという遺伝子を持っている個体もいたとしよう（Aとaは対立遺伝子だ）。たとえば、Aは酒に強くなる遺伝子で、aは酒に弱くなる遺伝子とか、そんな感じだ。この場合、対立遺伝子はAとaの2種類だが、個体の遺伝子型はAAとAaとaaの3種類になる。AAの人は酒に強く、Aaの人は普通で、aaの人は酒がまったく飲めない、といった性質は遺伝子型で決まるのである。

ここで、男性と女性が50人ずつ、合わせて100人の集団を考えよう。その中の64人は遺伝子型がAAで、32人がAa、酒がまったく飲めないaaは4人だけだった。この集団内でランダムに全員が結婚して、それぞれの夫婦が子供を2人ずつ産むとする。これなら次の世代の人数も100人で変わらない。このとき、次の世代の遺伝子型はどうなるだろうか。

遺伝子型は3種類もあって面倒なので、2種類しかない対立遺伝子に注目しよう。まず、最初の世代が持っている対立遺伝子Aの数を求めてみる。遺伝子型AAの人は64人いるから、この人たちが持っている対立遺伝子Aは64×2=128個である。遺伝子型Aaの人は32人なので、この人たちが持っている対立遺伝子Aは32×1=32個である。遺伝子型aaの人たちは、対立遺伝子Aを持っていない。合計すると、対立遺伝子Aはこの集団の中に128＋32＝160個あることになる。

同じようにして対立遺伝子aの数も求めてみる。遺伝子型AAの人たちは、対立遺伝子aを持っていない。遺伝子型Aaの人は32人なので、この人たちが持っている対立遺伝子aは32×1＝32個である。遺伝子型aaの人は4人いるから、この人たちが持っている対立遺伝子aは4×2＝8個である。合計すると、対立遺伝子aはこの集団の中に32＋8＝40個あることになる。

つまり対立遺伝子Aとaの割合は、160：40＝4：1＝0.8：0.2になる。結婚はランダムに行われるのだから、男性の精子が対立遺伝子Aを持っている確率は0.8で、対立遺伝子aを持っている確率は0.2である。この確率は、女性の卵でも同じになる。したがって、産まれた子供の遺伝子型がAAになる確率は、精子がAをもつ確率0.8に卵がAをもつ確率0.8を掛ければよい。つまり、0.8×0.8＝0.64である。次の世代で遺伝子型がAAの人は（次の世代も合計人数は100人なので）、100×0.64＝64人になるわけだ。これは親の世代で遺伝子型がAAの人数とまったく同じである。

遺伝子型がAaになるケースは2通りある。精子の対立遺伝子がAで卵の対立遺伝子がaの場合と、精子の対立遺伝子がaで卵の対立遺伝子がAの場合だ。したがって次の世代で遺伝子型がAaの人は、100×0.8×0.2＋100×0.2×0.8＝32人になる。これも親の世代で遺伝子型がAaの人数と同じである。

最後は遺伝子型がaaになるケースだ。これは精子の対立遺伝子も卵の対立遺伝子もaの場合である。したがって次の世代で遺伝子型がaaの人は、100×0.2×0.2＝4人になる。これも親の世代で遺伝子型がaaの人数と同じである。

以上のように、**世代を超えても対立遺伝子の頻度も遺伝子型の頻度も変わらない状態を、ハーディ・ヴァインベルク平衡という**。そして、ハーディ・ヴァインベルク平衡が成り立つことを数学的に示したものを、ハーディ・ヴァインベルクの定理という。

ハーディ・ヴァインベルクの定理が発見されたことによって、ダーウィン（もう亡くなっていたけれど）の最大の悩みは消え去った。**変異は世代が替わっても、薄まらないのだ。変異のもと（今でいう遺伝子）は永続するのだ**。こういう変異になら、自然選択が世代を超えて働き続けることができるだろう。

ハーディ・ヴァインベルクの定理から進化のメカニズムがわかる

初めてハーディ・ヴァインベルクの定理を習ったとき、私はなんてつまらない定理だろうと思った。たしかに、最初にハーディ・ヴァインベルクの定理を思いついた先人には、敬意を払うべきかもしれない。でも、1度わかってしまえば、ハーディ・ヴァインベルクの定理なんて当たり前ではないか。こんなものをありがたがって、何の意味があるのか。でも、そう思ったのは私の知識が足りなかったせいだった。ハーディ・ヴァインベルクの定理には、重要な意味があるのである。

ハーディ・ヴァインベルク平衡が成り立つとはどういうことだろうか。それは集団の遺伝子が変化しないということだ。生物の進化とは「遺伝する形質が世代を超えて変化すること」だ。しかし、ハーディ・ヴァインベルク平衡が成り立っていれば、「遺伝する形質が世代を超えて変化しない」のだ。つまり、**ハーディ・ヴァインベルク平衡が成り立っていれば、生物は進化しないのである。**

ハーディ・ヴァインベルク平衡が成り立つのは、次の四つの条件がそろったときである。

（1）集団の大きさが無限大であること。
（2）対立遺伝子の間に生存率や繁殖率の差がないこと。
（3）集団に個体の移入や移出がないこと。
（4）突然変異が起こらないこと。

この四つの条件が一つでも満たされなければ、ハーディ・ヴァインベルク平衡は成立しない。逆にいえば、**この四つの条件の一つでも満たされなければ、生物は進化する。この四つの条件を破るメカニズムが、そのまま進化のメカニズムになるのである。**したがって、進化のメカニズムは四つあることになる。（1）の条件を破る**遺伝的浮動**（これについては第7章で述べる）と（2）の条件を破る**自然選択**と（3）の条件を破る**遺伝子交流**と（4）の条件を破る**突然変異**である。これらのどれか一つでも働けば、ハーディ・ヴァインベルク平衡は成り立たないのである。この四つを進化のメカニズムとする考えを総合説とかネオダーウィニズムと呼ぶことがある。1940年代以降に主流となった進化論である。

こうして自然選択説は、ハーディ・ヴァインベルク平衡の（2）の条件を破る進化のメカニズムの一つとして、ゆるぎない地位を築いていく。さらに、その後のさまざまな研究によって、自然選択が実際に働いていることが確認されていく。ガラパゴス諸島のダーウィンフィンチのくちばしに作用する自然選択の研究や、アメリカにおけるトゲウオの防御のためのトゲに作用する自然選択の研究や、実験室において進化させた大腸菌に作用する自然選択の研究などが有名だが、その他にも数多くの研究によって自然選択が進化の重要なメカニズムであることが実証されてきた。ダーウィンの生前、自然選択説が不評だったことが嘘のようである。ダーウィンが生きていて現在の状況を眺めたら、どんな顔をするだろうか。

ネオダーウィニズムやダーウィニズムはまぎらわしい

総合説のことをネオダーウィニズムと呼ぶことがあるのだが、前章で述べたように、ヴァイスマンの考えをネオダーウィニズムと呼ぶこともあるので、大変まぎらわしい。しかも今までに述べてきたように、ダーウィニズムやネオダーウィニズムはダーウィンの考えではない。さらに科学は日々進歩していくものである。総合説という意味でのネオダーウィニズムも、現在の進化生物学とは明らかに異なるものだ。う〜ん、何が何だかわからなくなってきた。

その他にもダーウィニズムやネオダーウィニズムには困った一面がある。ダーウィンという名前がついているせいで、ダーウィンが言ったり書いたりした言葉が、そのままダーウィニズムの主張だと思われてしまうことがあるのだ。

たとえば『種の起源』には「生存闘争」という章がある。これは自然選択の比喩的な表現であり、言葉通りに生物と生物が闘う姿を思い浮かべる必要はない。ダーウィン自身もはっきりとそう述べている。しかしこの「闘争」という言葉を素直に受け取り、生物同士の共生関係は自然選択では説明できないという意見を耳にすることがある。もちろんこれは間違いで、共生関係が自然選択で進化することは、数多くの研究で実証されている。

進化生物学は一つである。もちろん研究者の間で意見の違いはある。でもそれは、どの分野の科学にもあることで、意見の違いこそが健全な科学の証拠である。そしてどんな意見を述べていようと、新しい結果が出れば、その結果に影響されるのが研究者である。ラマルキズムとかネオダーウィニズムとかいう立場を重んじて、研究の結果をないがしろにする科学者はいない。というか、もしいたら、その人は科学者ではない。そもそも現在の進化生物学では、ラマルキズムやネオダーウィニズムなどのいくつかの立場があって、それらが対立しているわけではないのだ。**進化生物学は一つである。**進化に対して誤解を生むことの多い「〜イズム」という言い方は、もう使わない方がよいだろう。

第6章　漸進説とは何か

種は一気に変化する？

ダーウィンが考えた進化は、連続的にゆっくりと進むものだった。これは進化の漸進説（ぜんしんせつ）と呼ばれる。しかし、これまでの章では、ダーウィンの主張は、（1）進化説、（2）自然選択説、（3）分岐進化説、の三つにまとめられると述べてきた。漸進説は入っていないのだ。これはなぜだろうか。

ダーウィンより少し前に、ジョルジュ・キュビエ（1769〜1832）というフランス人の博物学者がいた（次頁【図6－1】）。ダーウィンより40歳ほど年上である。キュビエは化石を調べることによって、時代ごとに生物が異なることに気づいていた。しかし、生物が進化したとは考えなかった。たとえば、地層を観察すると、陸地の上の川や湖などでできた地層（陸成層）のすぐ上に、海でできた地層（海成層）が載っていることがある。陸成層と海成層の境界がはっきり

【図6-1】ジョルジュ・キュビエ。

していることから、海水が一気に浸入してきて、急激に陸と海が入れ替わったのだとキュビエは考えた。このような大災害があれば、生物は絶滅するだろう。そして、その後、他の地域から新たな生物が移住してくる。上下の地層で化石種が異なるのは、そのためだとキュビエは考えたのだ。このような考えを激変説という。激変説によれば、進化を持ち出してこなくても、生物が変化することを説明できる。生物が変化する原因は、絶滅と移住というわけだ。

キュビエの時代には、進化論者としてラマルクがいたが、キュビエの影響力の方が大きかった。当時、ナポレオン1世のエジプト遠征によって、古代エジプトの墓から多数の動物のミイラが、フランスに持ち込まれた。しかし、どのミイラ化した動物も、現在生きている動物と同じ形をしていた。これは、進化を否定する証拠と考えられた。もちろん、古代エジプトの墓はせいぜい数千年前のものであり、進化による明らかな変化が起きるには短すぎる。しかし当時は、正確に年代を測ることができなかったし、そういうことは分からなかった。

キュビエの主張は「生物は、天変地異によって入れ替わることはある。しかし、生物自体は完成されたものであって、進化はしない」というものだった。キュビエの著作のいくつかは、すでにキュビエの生前に英訳されてイギリスで出版されており、ダーウィンも購入している。

それからしばらくして、ダーウィンが『種の起源』を出版すると、進化説は社会に広まり、ダーウィンは有名人になった。すると、自然選択説に対する批判も増え始めた。その中でダーウィンにもっとも大きな影響を与えたのが、セントジョージ・ジャクソン・マイヴァート（1827～1900）の『種の誕生』（1871年）だった。マイヴァートの批判はそれなりに筋の通ったものだったので、ダーウィンは見過ごすことができなかった。そこでダーウィンは、マイヴァートの『種の誕生』の翌年に出版した『種の起源』の第6版に、わざわざ1章を追加した。マイヴァートの批判に答えるためである。

マイヴァートの批判の中から、自然選択説に対する批判を一つだけ紹介しよう。半分できた翼が何の役に立つのか、という批判だ。確かに完成された翼は空を飛ぶのに役立つだろう。しかし翼が進化し始めたころの、ただの出っ張りのような構造では、飛ぶことは出来ない。こんなものに自然選択が働いても、翼には進化しない。つまり自然選択では翼を作ることはできないというのである。

そこでマイヴァートは、新しい種は突然現れると考えた。たとえば翼が進化するには、骨や筋肉などいくつもの構造が変化しなければならない。それらの構造の変化は、生物の内部に存在する、まだ解明されていない力によって、一気に同時に起きるというのがマイヴァートの考えだ。

キュビエとマイヴァートの考え方はまったく違う。種が変化する（あるいは変化したように見える）原因として、キュビエは絶滅と移住を、マイヴァートは生物内部に存在する力を考えた。しかし、変化するメカニズムはともあれ、種が「一気に大きく」変化する（あるいは変化したように見える）という点については共通している。こういう極端な考えが広まっていたので、ダーウィンは自然選択説を主張するために、少し漸進説を強調しすぎたのではないかと思う。

なぜダーウィンは漸進説を唱えたのか

ダーウィンは、自然選択が働くためには、同種の個体の間に変異がなくてはならないと、正しく認識していた。この変異は、自然界の生物にも、飼育や栽培をされている生物にも、等しく生じる。しかし第1章でも述べたように、ダーウィンは飼育栽培されている生物より自然界の生物の方が、変異が少ししか生じないと考えていた。今から考えれば、これはダーウィンの間違いだった。だが、そのためもあって、ダーウィンは自然界における自然選択は力が弱く、ゆっくりとしか働かないと考えていたようである。

しかし、ダーウィンが漸進説を唱えた理由はこれだけではない。確かにダーウィンは『種の起源』の中で、「自然選択は非常にゆっくりと作用する」と繰り返し述べている。だが、おそらくダーウィンが本当に言いたかったのは、「ゆっくりと」という部分ではない。なぜなら「自然選択は非常にゆっくりと作用する」と言った後で、「しかし長い時間が経てば、大きな変化をもたらす」とダーウィンは続けるからだ。ダーウィンが言いたかったのは「自然選択は大きな変化をもたらす」ということであって、「自然選択がゆっくりと作用する」ことではない。1回の自然選択の作用は小さくても、それが積み重なれば大きな変化が生まれると言いたかったのだ。自然選択などの進化の過程は、短い人間の一生のあいだに観察することが難しい。だから多くの人に、自然選択なんて本当にあるのかと疑われてしまう。その言い訳として、「自然選択はゆっくりと作用するので、人間の一生の間には、なかなか観察できないのだ」と言いたかったのだろう。

ダーウィンは非常に小さな変異にも自然選択は作用するという。仮に、身長が高い方が有利なら、たとえ1ミリメートルでも身長が高ければ、自然選択は作用するというのだ。でもそれは、10センチメートル身長が高ければ、自然選択が作用しないという意味ではない。1ミリメートル高いだけでも自然選択が作用するなら、10センチメートルも高ければ、さらに強く自然選択が作用するはずだ。

自然選択が、大きい変異に作用するのは当然だ。親とは似ても似つかない、別種のような子供が突然産まれても、もちろん自然選択は普通に作用するだろう。ダーウィンは、どんなに小さな変異にも自然選択は作用すると言っただけで、大きな変異に自然選択が作用しないとは言っていない。もちろん大きな変異にも作用すると考えていたのである。

漸進説は曖昧な仮説である

漸進説は、科学的な仮説としては、少し曖昧だ。メンデルの遺伝の法則によれば、エンドウのさやの色は遺伝子型がAAやAaのときは緑色、aaのときは黄色になる。もしも進化の過程で遺伝子aからAが進化したとすれば、さやの色は黄色から突然緑色に変化することになる。これは漸進的な進化でなく、断続的な進化と言ってよさそうだ。

一方、マルバアサガオの花の色は、遺伝子型がBBのときは赤、Bbのときはピンク、bbのときは白になる。もしも遺伝子がbからBへ進化したとすれば、花の色は白からピンクを経て赤になるだろう。これは漸進的な進化だろうか、断続的な進化だろうか。この当たりの区別は、むずかしい。

別の例も考えてみよう。遺伝子に起きた一つの突然変異によって、肢の数が増えるということはあり得る。もしも2本の肢が4本になったのなら、断続的な進化といってよいだろう。でも100本の肢が102本になった場合も断続的な進化だろうか、それとも漸進的な進化だろうか。そもそも、これくらいの変化なら、同種内の変異としていくらでも例がありそうだ。

考えてみれば、完全に連続的な進化的変化というものは、ありえない。必ず世代と世代の間で、変化は不連続になる。アニメのコマ送りのようなもので、どんなに間隔を狭めても、完全に連続にはならないのである。

したがって、親と子の違いは（どんなに小さくても）断続的だ。親の形と子の形は、断続的にしか変化できない。その断続が小さい場合を漸進的、大きい場合を断続的というのである。つまり、程度の問題だ。

さらに面倒なことに、進化が漸進的か断続的かは、タイムスケールにも関係する。1万年というスケールでは漸進的に見える進化も、100万年というスケールで見れば断続的に見えることもあるだろう。

このように漸進的か断続的かというのは、相対的なものである。「重い」と「軽い」のような関係だ。100ページの本は50ページの本より重いかもしれないが、200ページの本と比べれば軽い本になる。いろいろと考えてくると、漸進説というものはあまり目くじらを立てて主張するような説ではなさそうである。

漸進説はアクセルしかない自動車

以上に述べたように漸進説自体はぼんやりした説なのだが、他の理論と変に組み合わされると、誤った結論が導かれることもある。

自然選択の働き方にはいくつかのパターンがあるが、主なものは二つである。方向性選択と安定化選択だ（23ページの【図1－2】）。有益な突然変異が起きると、自然選択はその突然変異を広めるように作用する。すると、その生物集団の形質が一定の方向へ変化する。これが方向性選択だ。これは生物を進化させる力になる。

一方、有害な突然変異が起きると、自然選択はその突然変異を除くように作用する。有害な形質は、生物集団の平均的な形質から外れたものが多い。そこで有害な形質を除いても、生物集団全体としての形質は変化しない。むしろ、この場合の自然選択は、形質を変化させないように、つまり安定させるように作用する。このような安定化選択は、生物を進化させない力だ。

ダーウィン以前から安定化選択は知られていた。でもこの安定化選択は生物を進化させないので、進化に結びつける人はいなかった。ところがダーウィンとウォレスが方向性選択を発見し、これが生物を進化させる力であることを明らかにした。したがってダーウィンは、安定化選択も方向性選択も両方知っていたことになる。

ところがダーウィンは、安定化選択を重視しなかった。たしかに安定化選択は生物を進化させないのだから、進化について考えるのであれば、安定化選択は無視してよいように思える。

地球の生物には、素晴らしいデザインが満ちあふれている。空を自由に飛べる鳥の翼や、物を巧みにつかめるヒトの指などだ。これらのデザインを作ったのは方向性選択であって安定化選択ではない。生命の美しい形や多様性を生み出したのは、方向性選択なのだ。

生物学における最大の問題であった、生物の奇跡的な形や多様性を生み出したメカニズムを発見したのが、ダーウィンなのだ。たとえダーウィンの進化説が現在から見てどんなに不完全であっても、（自然選択の中の）**方向性選択を発見しただけで、ダーウィンの業績は不滅なのだ。**それを考えれば、当時のダーウィンの視線が方向性選択にばかり注がれてしまったのも仕方のないことだろう。しかし、安定化選択を軽視したために、ダーウィンの考えは少しおかしなものになってしまった。

安定化選択や方向性選択が選択の材料としているのは、個体間の変異である。その変異には、有益なものも有害なものも（そして後で述べるように中立なものも）ある。しかし、ダーウィンは、有益な変異にばかり注目しすぎた。**有益な変異は方向性選択を引き起こすことが多く、有害な変異は安定化選択を引き起こすことが多い。ダーウィンは、有益な変異に対する方向性選択ばかりに注目してしまったのである。**

進化という道を走る自動車にとって、有益な変異はアクセルである。有害な変異はブレーキである。普通なら自動車は、アクセルを踏んだりブレーキを掛けたりしながら走っていく。でも、ダーウィンの考えた自動車には、ブレーキはなかった。だから、ダーウィンの自動車は止まらない。止まることなく走り続けるのだ。

もしもブレーキがあれば、自動車はスピードを上げることも止まることもできる。でもダーウィンの車は、ひたすらゆっくりと走り続ける。止まらない代わりに、速く走ることもない。ひたすらに、ゆっくりと走り続けている。それでも長い時間が経てば、ずいぶん遠くまで行くことができるはずだ。これがダーウィンの考えた（残念ながら間違った）漸進説だった。でも実際には、自動車は止まることもある。それについては次章で見ていくことにしよう。

第7章　進化が止まるとき

自然選択で山に登る

前章で、漸進説はブレーキのない自動車のようなものだと述べた。でも実際には、進化の自動車は止まることもある。それでは、どんな時に自動車が止まるのかを考えてみよう。

アメリカの集団遺伝学者であるシューアル・ライト（1889〜1988）は、自然選択による進化を理解するために、適応地形図を考案した。次頁【図7-1】のように、縦軸を「個体の適応度」、横軸を「個体のもつ遺伝子の組み合わせ」として、グラフにしたのだ。

適応度というのは、自然選択を受けたときに個体がどのくらい有利か不利かを示す値だ。自然選択において有利な個体というのは、いろいろと良いことが起きる個体だ。食べ物をたくさん食べられるかもしれないし、そのために長生きできるかもしれない。異性に気に入られるかもしれないし、そのために子供をたくさん残せるかもしれない。それらをすべて考えに入れてまとめる

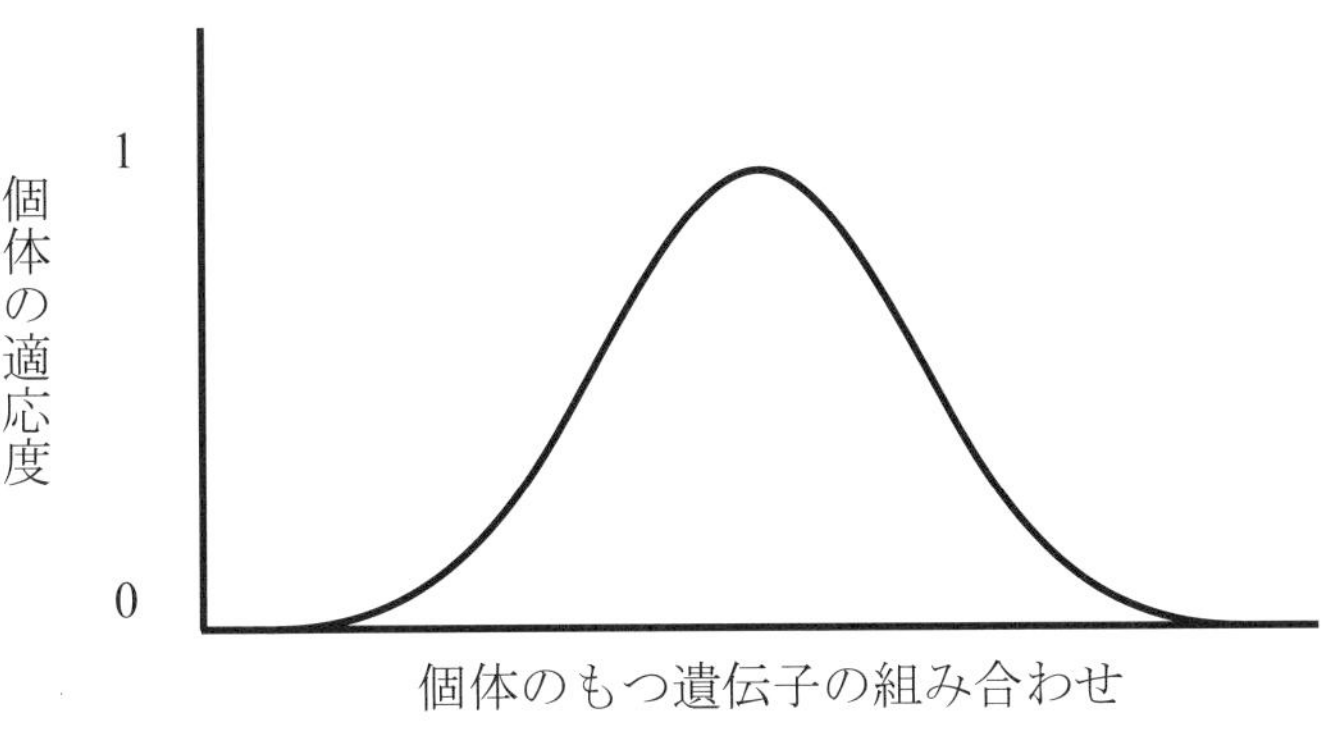

【図7-1】シューアル・ライトによる適応地形図（1932年）。

と、結局のところ自然選択で有利か不利かは、残した子供の数で表すことができる。個体数が次の世代で、どのくらい増えたか減ったかで表せるのだ。そのためには個体数を数えるときの、親の年齢と子供の年齢を揃えなくてはならない。つまり（単純化のためオスは無視すると）「ある個体が、一生のあいだに産んだ子どもの数」ではなくて、たとえば「15歳の個体が、その後の一生のあいだに産んだ子供の中で、15歳まで生きのびた子供の数」が適応度になる。

適応地形図の横軸の「遺伝子の組み合わせ」というのはわかりにくい表現だが、簡単なケースとしては遺伝子型がある。たとえば、ある植物では、遺伝子型がAAやAaのときは青い花が咲き、遺伝子型がaaのときは白い花が咲くとしよう。青い花には昆虫がたくさん集まって花粉を運んでくれるが、白い花にはあまり昆虫が集まってこない。その結果、白い花は青い花に比べて半分の種子しか作れず、子孫も半分しか残せなかった。その場合、青い花の適応度を1とすると、白い花の適応度はその半分なので0・5に

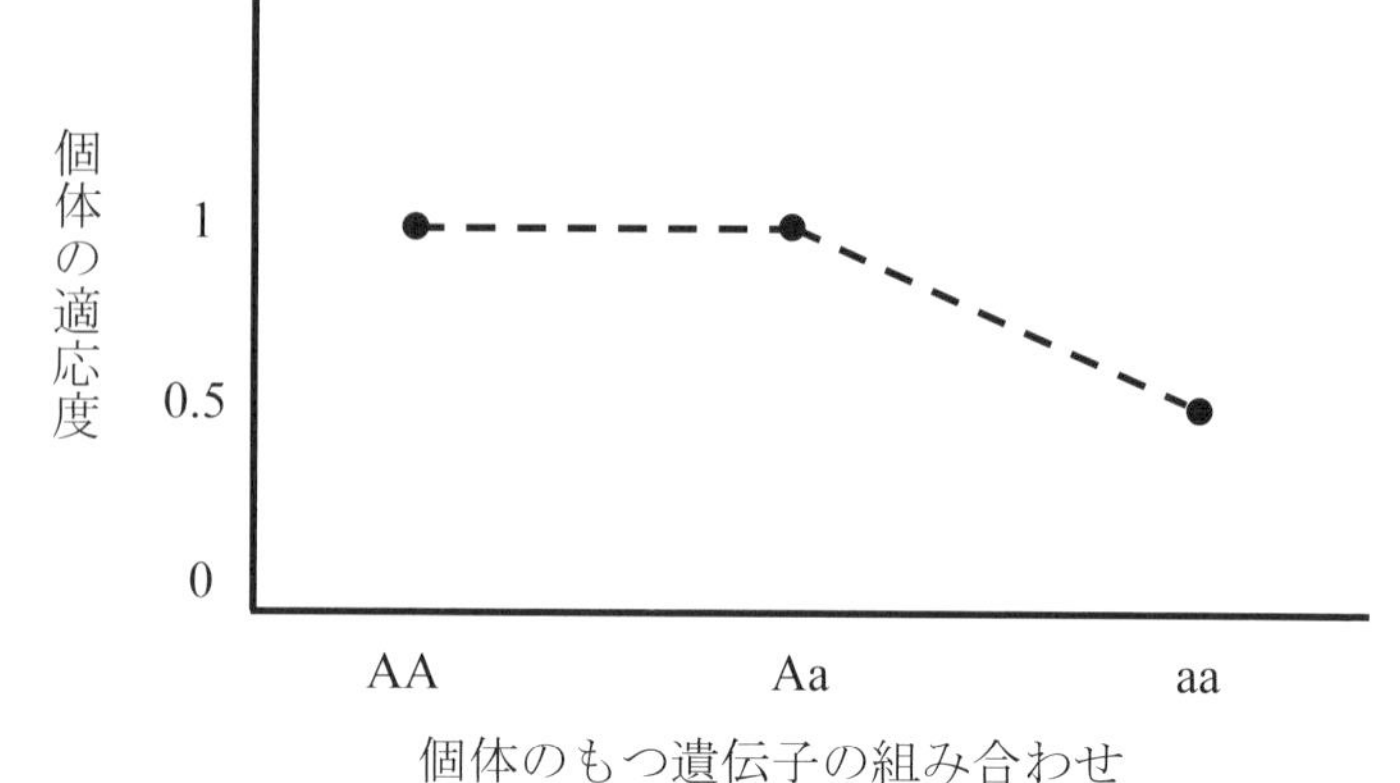

【図7-2】青い花と白い花の適応地形図。

なる（【図7−2】）。一番高い適応度を1としたわけだ。もちろん、適応度の平均を1としてもよいし、1個体が残す子供の数を適応度にしても構わない。しかし、適応度の平均はすぐに変わるし、子供の数だと数値が非常に大きくなることもある。しかも、この二つは、すべてのデータが揃った後でないと決まらないので、少し使いにくい。そこで、一番高い適応度を1にして、相対的に表すことが多いのである。

「遺伝子の組み合わせ」をもう1組追加して、横軸を2本にすることもできる。そうすると3次元的に、山や谷がある地形のように、適応度を表現することができる。それで、適応地形図と呼ばれるのである。自然選択によって進化すれば、生物の適応度は上がっていく。適応地形図で考えれば、生物は山を登っていくことになる。

だが生物は自然選択によって、一番高い山に登るとは限らない。たとえば【図7−3】のように山が二つ

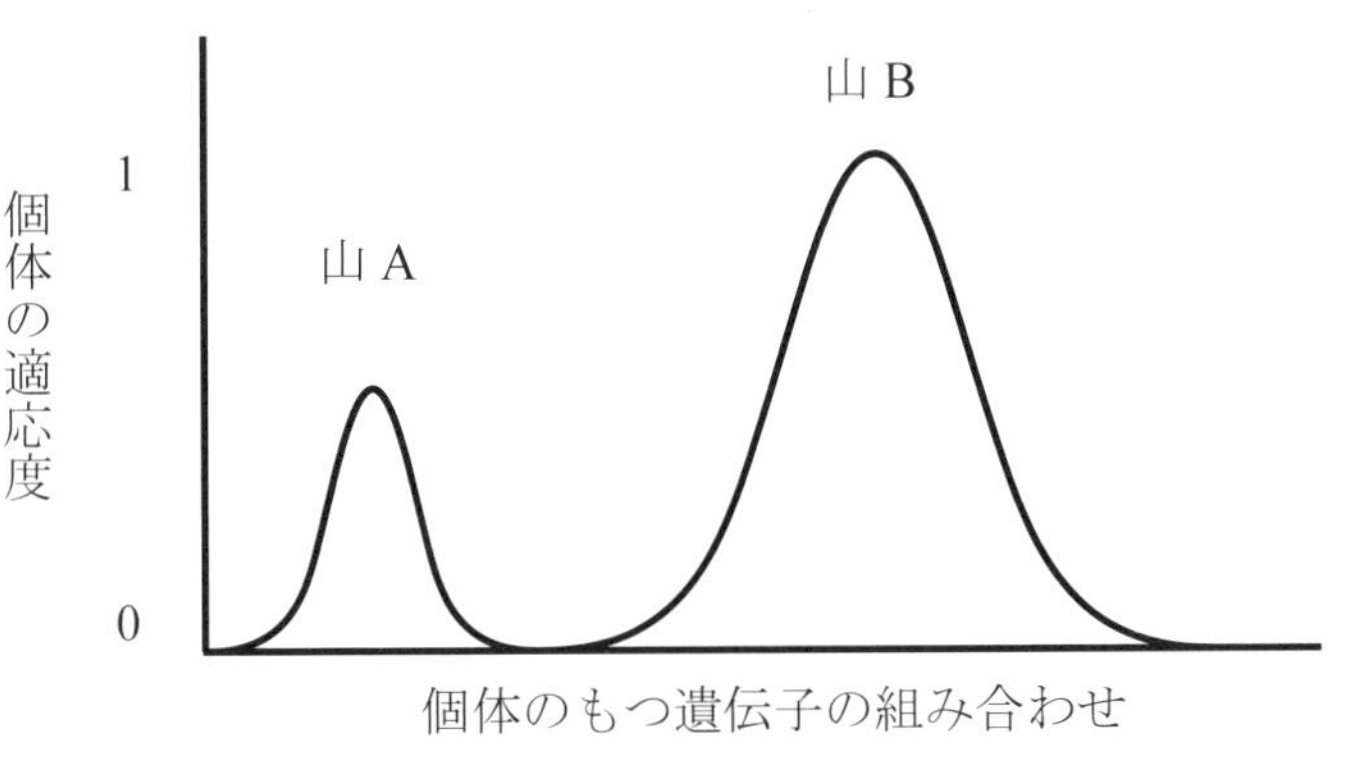

【図7-3】山が二つある適応地形図。

ある場合に、たまたまある生物は、低い方の山Aに登ってしまったとする。もっと高い山Bがあるのだが、そちらに登るためには一度山Aを下りなくてはならない。しかし自然選択は上向きに作用するので、生物は山Aを下りることができない。結局、その生物は、Aの頂上で過ごすことになる。

自然選択で山を下りる

シューアル・ライトが最初に考えた適応地形図は、以上に述べたようなものだった。その後、ライトはいろいろな適応地形図を考えた。横軸を「個体のもつ遺伝子の組み合わせ」でなく「集団の遺伝子頻度」に、縦軸を「個体の適応度」ではなく「集団の平均適応度」にした適応地形図も考えた。また、アメリカの古生物学者であるジョージ・ゲイロード・シンプソン（1902〜1984）は、横軸を「個体の表現型」にした適応地形図を考えた。それからも様々な人々が、いろいろな適応地形図を考え、大腸菌やウ

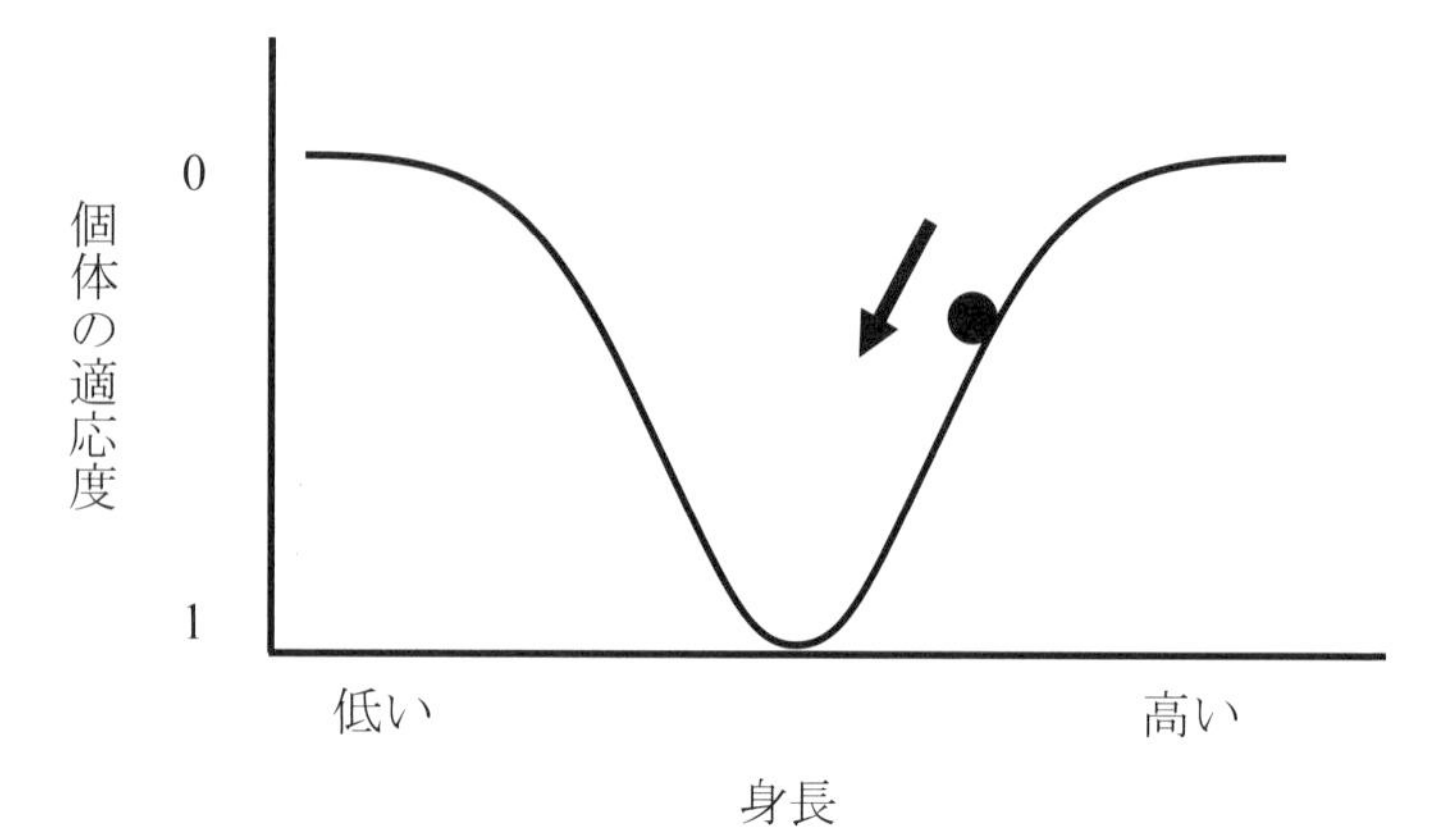

【図7-4】 身長の逆適応地形図。

イルスのデータを使って、実際の適応地形図を描いたりもした。このように適応地形図は、進化の傾向が見やすくて便利なので、進化の自動車のアクセルとブレーキを考えるときにも使える。

ただしここでは、適応地形図の上下を逆さまにしよう。縦軸を下に行けば適応度が高く、上に行けば適応度が低くなるとするのだ。これを逆適応地形図と呼ぶことにする。この方が、進化の傾向を直感的にイメージしやすいと、私は思う。そして横軸は、シンプソンのように表現型にしよう。たとえば身長に関する逆適応地形図は、【図7－4】のようになる。身長は、あまり高すぎても低すぎても、適応度が下がるにちがいない。もっとも適応度が高いのは、おそらく中間あたりの身長だろう。ここで生物をボールに見立てると、ボールは自然選択によって、適応地形図の谷底に向かって転がり落ちていくのである（ちなみに、実際の自然選択は個体に働くが、ボールは個体と考えても集団と考えても差し支えない)。

もしも谷底に落ちてしまったら、つまり適応度がもっとも高い表現型に進化したら、もうボールは動かない。そこで進化は止まるのだ。何かの加減で、ちょっとくらい坂を上っても、すぐに谷底に転がり落ちてしまう。これが自然選択の中の安定化選択である。実際に作用する自然選択としては、安定化選択がもっとも多いと考えられる。そこで生物の進化というものは止まっていることが多いのだ。それはよいとして、逆適応地形図から考えると、谷底に落ちたボールは二度と這い上がれないような気がする。進化は一度止まったら二度と進まないように思える。でも実際には、一度は止まった進化も、再び進みだす。谷底に落ちたボールも、いつかは山へ這い上がる。それでは、どうやって谷底から這い上がるのだろうか。

一つの可能性としては、環境が変わる場合がある。つまり、逆適応地形図が変化する場合だ。谷だったところが盛り上がったり、山だったところが低くなったりすれば、ボールは再び動き始めるはずだ。しかし、環境が変わらなくても、ボールが動き始める場合がある。

自然選択が効かなくなる

第5章で述べたように進化のメカニズムは(1)遺伝的浮動、(2)自然選択、(3)遺伝子交流、(4)突然変異、の四つである。原理的に進化のメカニズムは、この四つしかないのである(ただし、個々の条件を少し広く考える必要はある。たとえば、後の章で述べるエピジェネティックな変化

〈120ページ〉は突然変異に含めるし、ある生物が別の生物の細胞の中に共生して一つの生物になるような場合は遺伝子交流に含める)。そして逆適応地形図において、自然選択は重力のように下向きに働く。では他のメカニズム、たとえば遺伝的浮動は、どのような力として働くのだろうか(ここではボールを個体ではなく集団と考えよう)。

少しだけ第5章の復習をしよう。ハーディ・ヴァインベルク平衡が成り立つ条件の一つは、「集団の大きさが無限大であること」だった。そして、この条件が成り立たないときに作用する進化のメカニズムが、遺伝的浮動だった。

ヒトの細胞の核には46本の染色体が入っている。遺伝物質であるDNAのほとんどは、この染色体に含まれている(一部のDNAは、核でなくミトコンドリアの中にある)。この46本の染色体のうち44本は常染色体と呼ばれ、2本は性染色体と呼ばれる。

常染色体には、ほぼ同じ染色体が2本ずつあり、そのペアのそれぞれを相同染色体という。一方、性染色体はヒトの性別を決定している。性染色体にはX染色体とY染色体の2種類があり、その組み合わせがXXだと女性に、XYだと男性になる。

子供は性染色体を、母親と父親から1本ずつ受け取る。母親が持っている性染色体は両方ともXなので、どちらを渡されたとしても子供がもらうのはX染色体だ。だが父親はX染色体とY染色体を1本ずつ持っているので、どちらをもらうかによって子供の性別は変わってくる。父親からX染色体をもらえば、子供の性染色体はXXとなって女性になる。父親からY染色体をもらえば、XYとなって男性になるのだ。

父親からもらう性染色体が、XかYかは偶然による。そしてその確率は、ほぼ1：1である。だからヒトの子供が産まれたとき、その子供が男か女かは、ほぼ1：1になるのである。したがって日本全体でみれば、男女の数はだいたい1：1だ。仮に日本の人口が1億人だとすれば、男女はだいたい5000万人ずつになる（正確にいえば、産まれるときの男女比が105：100だったり、女性の方が男性より長生きだったりするが、それは無視しよう）。

しかし、ある特定の家に限って考えれば、必ずしも男女比は1：1になってはいない。子供3人がすべて男だとか、その逆に、子供は二人いるが両方女だという家はかなりある。ある家に父親と母親が一人ずついて、その子供が男4人と女一人なら、たった1世代で男女比は1：1から4：1に変化したわけだ。このように男女比が大きく変化した理由は、人数が少ないからだ。一つの家という小さな範囲で考えたからである。

この男女比の変化を起こしたメカニズムが、遺伝的浮動だ。どちらの性染色体が子供に伝わるか、という偶然の効果である。遺伝的浮動は、集団の個体数が少ないほど強く働く。集団が大きくなるにつれて、その効果は弱まり、集団の個体数が無限大になれば、遺伝的浮動の効果はゼロになる。しかし、無限大の大きさの集団は現実にはありえないので、遺伝的浮動によって集団の遺伝子頻度は、大なり小なり必ず変化する。つまり、遺伝的浮動によっても進化が起きるのだ。

集団の個体数が多いときには遺伝的浮動の効果は小さいが、集団の個体数が少なくなると、遺伝

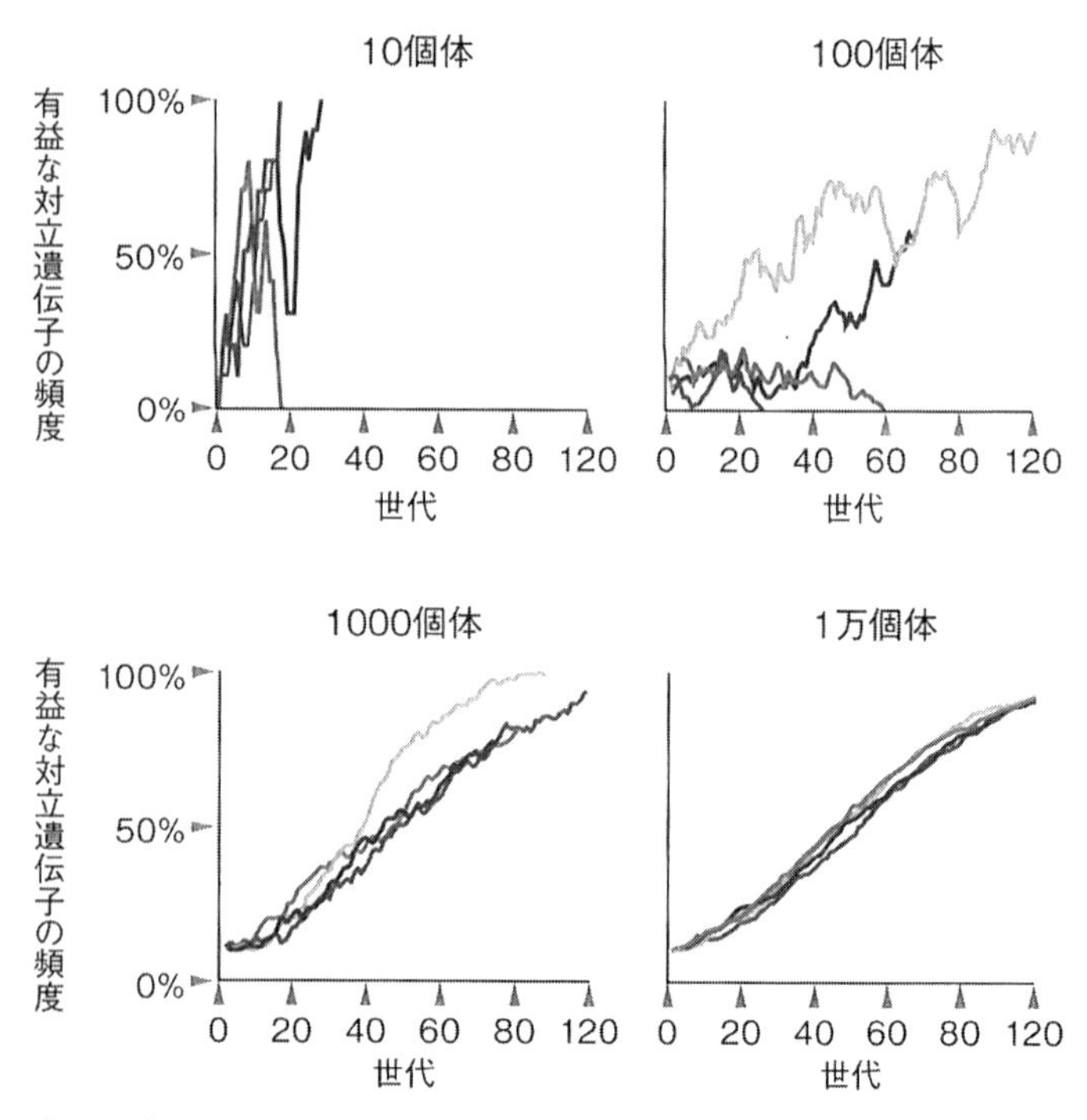

【図 7-5】自然選択が強く働くのは大きな集団で、遺伝的浮動が強く働くのは小さな集団である。（ベル、2008 年より改）

的浮動の効果は自然選択の効果よりも大きくなる。子供4人がすべて女の子という家はあっても、人口400万人がすべて女性という国はないのである。

【図7－5】は、集団における遺伝子頻度の変化を、コンピューターでシミュレートした結果である。シミュレートした条件は、次の通りである。DNA上でそれぞれの遺伝子が占める位置を遺伝子座という。ある遺伝子座には、対立遺伝子が2種類ある。一つは普通の対立遺伝子Aで、もう一つは有益な対立遺伝子Bだ。この場合の「有益」は、「子供を多く作る」という意味だ。Bを持つ個体はAしか持たない個体に比べて、5パーセント多く子供を作るように設定した。初期条件としては、対立遺伝子AとBの割合を9：1にした。グラフは有益な対立遺伝子Bの頻度を表している。集団の個体数は10個体、100個体、1000個体、1万個体の4通りに設定し、それぞれ4回ずつシミュレートした。

集団の個体数が多い方から見ていこう。まずは右下の、1万個体の場合だ。最初、有益な対立遺伝子Bの頻度は10パーセントだが、その後は順調に頻度を増やして、最後には100パーセントになる。対立遺伝子がAからBに置き換わったわけだ。これは自然選択が、しっかり働いている結果である。

しかし個体数が少なくなるにつれて、遺伝的浮動の効果が強くなり、自然選択の効果を上回るようになっていく。個体数が100個体や10個体と少ないときは、4回のシミュレーションのうち半分の2回では、有益な対立遺伝子Bはなくなってしまった。個体数が少ない集団では、自然選択があまり効かず、遺伝的浮動という偶然の効果に翻弄されてしまうのだ。

どうやって谷底から這い上がるのか

このように自然選択が効かなくなった状態を、逆適応地形図ではどのように考えればよいだろうか。

ボールは静かに、高いところから低いところへ転がっていく。谷へ落ちれば、一番低い谷底で止まってしまう。そういうイメージは、集団の個体数が無限大の場合である。でも実際の個体数は、たとえどんなに大きくても有限なので、ボールはいつも弾んでいるのだ。個体数が多ければ、ボールは少ししか弾まない。しかし個体数が少なくなるにつれ、ボールの弾み方は激しくなっていく。あんまり激しく弾めば、谷底から谷の外側へ、ピョンと飛び出してしまうこともあるだろう。

谷からボールが飛び出せば、ボールは弾みながら遠くへ行ってしまうかもしれない。また別の谷へ落ちるかもしれないし、そこからもまた飛び出すかもしれない。だが、集団の個体数が増えていくにつれ、ボールの弾み方は弱くなっていく。ボールがほとんど弾まなくなれば、ボールはコロコロと転がって、近くの谷底へ落ちるだろう。そしてしばらくは、その谷底に居すわることになる。また、個体数が減って、激しく弾み始めるその日まで。

今まで考えてきた逆適応地形図の横軸は表現型なので、ボールが谷底に居すわっているあいだは、表現型が変わらないことになる。しかし個体数が減ると、ボールは谷底から飛び出して移動を始める。つまり表現型が変化していく。そしてまた個体数が増えると、ボールは別の谷底に落ちて、しばらくそこに留まる。つまり表現型の変化がとまって、またしばらくは同じ表現型のまま生きていくことになるのだ。**進化は、進んだり止まったりする。その繰り返しなのだ。**

自然選択のタイプでいえば、ボールがコロコロと転がっている状態が「方向性選択」で、谷底から出られない状態が「安定化選択」だ。ダーウィンが考えた漸進説は、ボールがずっとコロコロと転がり続ける状態だろう。それが可能な逆適応地形図は、山あり谷ありの地形ではなくて、なだらかな坂が永遠に続いているような地形だ。でもそれはちょっと考えにくい。たとえ体が大きい方が有利だったとしても、際限なく大きくはなれないだろう。実際に大腸菌などで実験して、データに基づいて描いた地形も、山あり谷ありの地形だった。どうやら進化は止まることもあるようだ。

ところで化石記録から提唱された進化説に、断続平衡説がある。化石で見るかぎり、種は突然出現し、絶滅するまでほとんど進化しないように見える。それは、生物は急速に変化して新種となるが、その後はほとんど形態が変化しないからだ、というのである。

この断続平衡説と、今まで述べてきた逆適応地形図は、別の話だが、まったく関係がないわけでもない。この逆適応地形図から断続平衡説について何か言えないか、それを次章で考えてみよう。

第8章　断続平衡説をめぐる風景

種は変化しない？

イギリスの地質学者であるジョン・フィリップス（1800〜1874）は、地層が三つの時代に分けられることを発見した。現在でも広く使われている「古生代」「中生代」「新生代」である。フィリップスは、貝殻や骨など膨大な化石を収集して整理した。そして、三つの時代の境界ははっきりと分かれており、それぞれの時代ごとに特有の化石が産出することに気がついた。

ダーウィンの『種の起源』が出版されると、フィリップスは、ダーウィンが主張する漸進的な進化を、化石によって検証できると主張した。フィリップスは膨大な化石を収集していたので、化石記録はダーウィンが言うほど不完全ではないと考えていたのだ。したがって、化石によって進化を検証することは、十分に可能だという意見だったのである。

そして検証の結果、フィリップスは漸進的な進化を否定した。フィリップスは化石種に、変化の証拠を見つけられなかった。化石というものは普段は変化しないかわりに、変化するときは突然に大きく変化する、というのがフィリップスの結論だった。フィリップスは、カンブリア紀にいきなり複雑な動物が出現したことを、その例に挙げた。

化石記録が漸進的な進化を示さないことに気づいた古生物学者は、すでにダーウィンの時代に何人もいた。そのため、種は不変であると考えて、自然選択説を否定した古生物学者もいた。ダーウィンの番犬といわれたトマス・ヘンリー・ハクスリーが、自然選択説に疑問を持っていたと前に述べたが、その理由も化石記録が漸進的な進化を示さないからであった。

漸進説と自然選択説は両立しなくてもよい

ダーウィンの時代には、漸進説を否定することが、自然選択説を否定することになると思われていた。しかし考えてみれば、これは不思議なことである。

自然選択が働くためには三つの条件が必要だ。第1章で述べたように、それは、

（1）遺伝的変異がある。
（2）過剰繁殖をする。
（3）遺伝的変異によって子の数に差がある。

の三つである。つまり遺伝的変異は必要だが、別に遺伝的変異が小さい必要はない。どんなに遺伝的変異が大きくても、自然選択は働くのだ。跳躍的な進化が起きて、周りの個体とは似ても似

つかない子がいきなり生まれても、その子と周りの個体のあいだにも、ちゃんと自然選択は働くのである。だから漸進説が成り立とうが成り立つまいが、自然選択説とは何の関係もないのだけれど。

おそらくフィリップスにしてもハクスリーにしても、自然選択にいくつかのタイプがあることを考えなかったのだろう。自然選択の中の一つのタイプである安定化選択は、ダーウィン以前から知られていた。一方、進化のメカニズムとしてダーウィンが発見したのは、自然選択の中の別のタイプである方向性選択だった。フィリップスもハクスリーも、ダーウィンの考えにばかり注目していたので、きっと彼らの頭の中には方向性選択しかなかったのだ。

もしも生物に安定化選択が働かず、方向性選択だけがずっと働いているとしたら、どうなるだろうか。逆適応地形図で考えれば、方向性選択が働いているのは、ボールが穴の外の坂道をころがっているときだ。逆適応地形図の横軸を個体の表現型にして考えれば、この場合は表現型が変わり続けることになる。その場合の系統樹は、【図8-1】のようになるだろう。つまり化石をみても、現在の表現型と比べると10万年前の表現型は違うし、20万年前の表現型はもっと違う。現在の表現型進化が漸進的に進んでいくことが確認できるはずなのだ。

一方、生物に安定化選択と方向性選択が両方とも働いているとしたら、どうなるだろうか。逆適応地形図で考えれば、安定化選択が働いているときは、谷底の中に落ちているときだ。普通に考えれば、いったん谷底に落ちたら中々外には出られないので、方向性選択が働いている時間よ

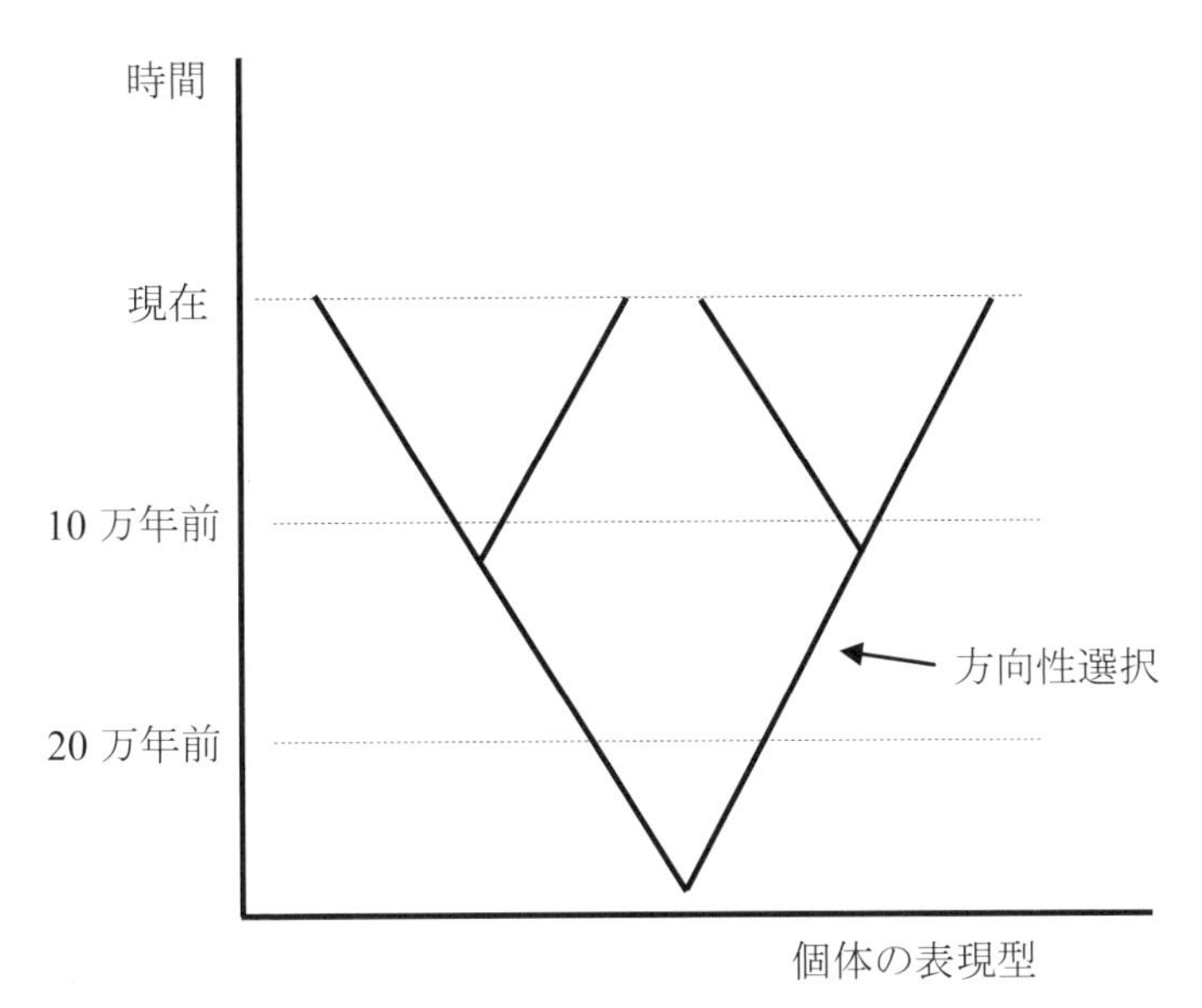

【図 8-1】方向性選択だけが働いているときの系統樹。

りも、安定化選択が働いている時間の方が長くなる。その場合の系統樹は、【図8－2】のようになるだろう。現在と10万年前の表現型は、ほとんど変わらない。ところが20万年前の表現型になると、いきなり現在や10万年前とは大きく違うものになる。進化は漸進的に進んでいくようには見えず、進んだり止まったりする、つまり断続的に進むように見えるのだ。もちろん、方向性選択が働いているときの化石が見つかれば、進化が漸進的に進むように見えるかもしれない。でも、そういう時間は短いうえに、（後で述べるように）個体数も少ないことが多いので、なかなか化石が見つからないのである。

　つまり、**ずっと方向性選択だけが働いているのなら、進化は漸進的になる。**し

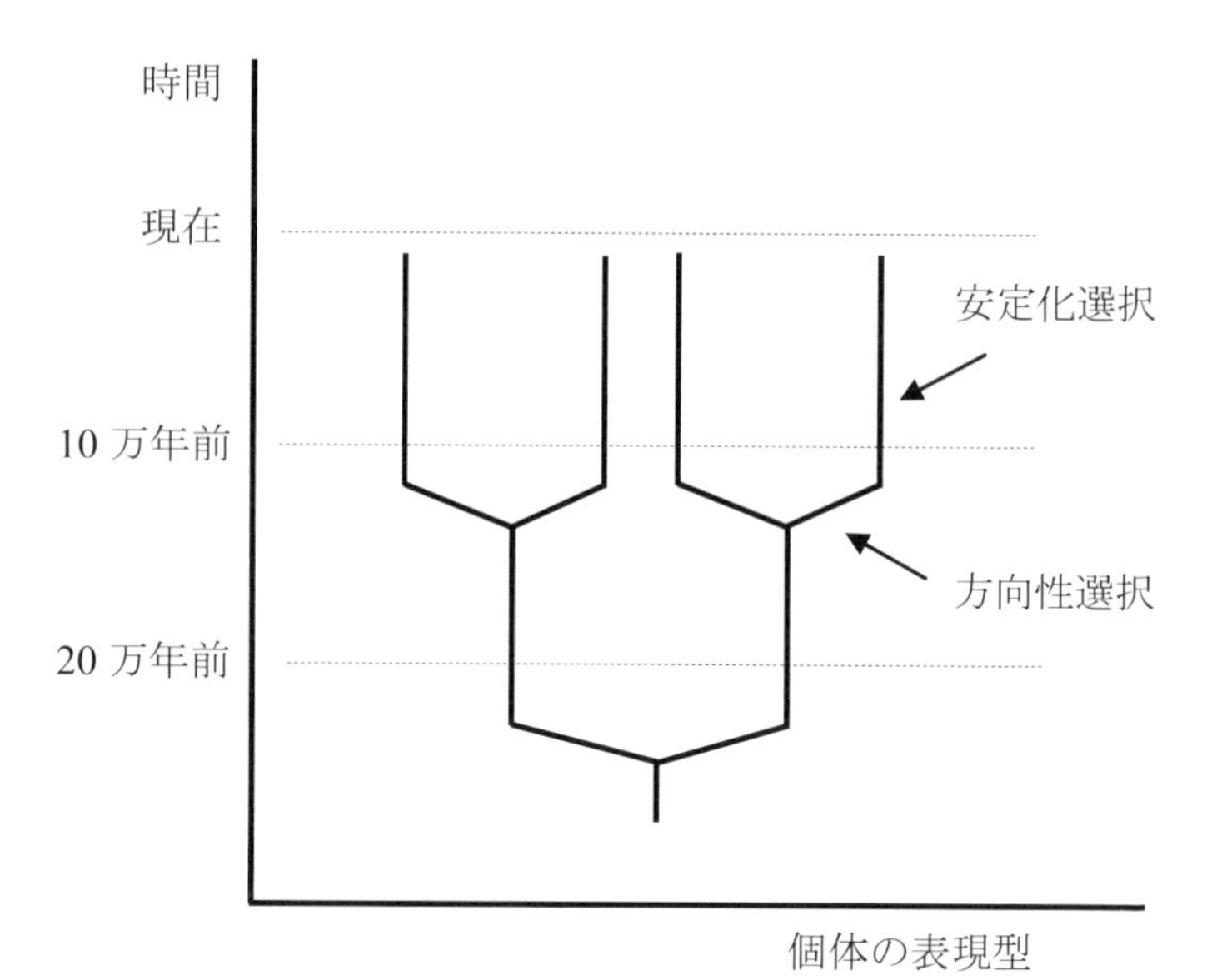

【図 8-2】方向性選択と安定化選択が働いているときの系統樹。

かし、方向性選択と安定化選択が両方とも働いているのなら（たぶん実際はこちらだ）、進化は断続的になる。フィリップスもハクスリーも方向性選択しか考えていなかったので、漸進説が成り立たなければ自然選択説も成り立たないと、勘違いしてしまったのだろう。

断続平衡説と安定化選択

断続平衡説とは、アメリカの古生物学者であるスティーブン・J・グールドとナイルズ・エルドリッジが1972年に提唱した説である。その後、断続平衡説には多くの批判が浴びせられた。グールドはそれらの批判に反論しながら、断続平衡説を修正していった。そのため断続平衡説には、いろいろなバージョンがあ

る。そこで本書では、

「進化においては、形態がほとんど変化しない時期と急速に変化する時期がくりかえす、断続的なパターンが一般的である」

というグールドの後期の主張を、断続平衡説と考えよう。多分これが、もっとも広く知られている断続平衡説のバージョンである。この内容は、読めば分かるとおり観察事実であって、断続平衡的なパターンを作り出すメカニズムについては述べていない。だが、初期の断続平衡説は、進化のメカニズムにも言及していた。その中で、種の安定性として考えられたメカニズムをみてみよう。

たとえば、エルドリッジは（さきほど【図8-2】で説明したように）、表現型が変化しない時期には、安定化選択が働いていると考えていた。もしも環境が変化しなければ、表現型も変化しないわけだ。さらにエルドリッジは、少しなら環境が変わっても、安定化選択は働き続けると主張した。たとえば、北半球のある場所が少し寒くなっても、少し南に移動すれば同じような環境に住み続けられるだろう。したがって生物に働く自然選択のほとんどは、安定化選択だというのである。

種が変わらないとき

種の表現型が変化しない理由は、安定化選択の他にも考えられるだろうか。

アメリカの古生物学者であり、断続平衡説の旗頭(はたがしら)の一人でもあるスティーブン・M・スタンレー（1941〜）は、表現型が変化しない時期があるということは、生物が環境に完全には適応していないことを示していると考えた。何だか、エルドリッジの主張に反するようだが、必ずしもそうではない。進化のメカニズムは、（1）遺伝的浮動、（2）自然選択、（3）遺伝子交流、（4）突然変異の四つだが、エルドリッジは（2）自然選択の側面から、表現型の安定性を説明した。一方、スタンレーは（3）遺伝子交流（とははっきり言わなかったけれど）の側面から、表現型の安定性を説明しようとしたのだ。

南フランスの海岸で蚊を退治するために、フランス政府が殺虫剤を撒いたときの話である。しばらくすると、蚊にエスター1という遺伝子が進化して、殺虫剤が効かなくなった。しかし、エスター1は殺虫剤に対する抵抗性を与える代わりに、蚊の生理機能を弱くしてしまうため、クモなどに捕まりやすくなってしまう。

殺虫剤が撒かれるのは海岸だけなので、内陸部の蚊にとっては、エスター1は有害な遺伝子である。内陸部の蚊にとっては、殺虫剤に対する抵抗性なんて何の役にも立たない。それなのに、クモには捕まりやすくなってしまうのだから。ところが、内陸部の蚊の間にもエスター1は増えていき、最終的には約20パーセントに達したのである。

内陸部の蚊に有害な遺伝子が広まったのは、遺伝子交流のためである。交配を重ねることによって、海岸の蚊から遺伝子が流れ込んできたのだ。遺伝子交流には集団の遺伝的構造を均質化する働きがあるのである。

個体数が多くて分布が広い種なら、その分布の中には、いろいろな環境が含まれているだろう。自然選択は、異なる環境にいる生物を、それぞれの環境に適した性質に進化させる働きがある。つまり**自然選択は、異なる環境にいる生物を異なる性質にする働きがある。しかし遺伝子交流は、異なる環境にいる生物を同じ性質にする働きがある。**この相反する二つの作用のために、生物はだいたい環境に適応しているが、局所的な個々の環境にぴったりと適応しているわけではない。したがって、環境の一部が少しぐらい変わっても、生物はほとんど変化しないのである。

種が急速に変わるとき

種の安定性について考えてみたが、今度は、なぜ種が急速に変わるのかを考えてみよう。

集団中の1個体に突然変異が起きて、ある遺伝子座に新しい対立遺伝子が出現したとする。その対立遺伝子が集団中の全ての個体に広がることを「その対立遺伝子が集団に固定された」という。つまり、新しい対立遺伝子が出現したときの遺伝子頻度はほぼ0パーセントだが、それが100パーセントになると固定されたというわけだ。このように新しい対立遺伝子の固定を繰り返して、生物は進化していくのである。

それでは、種を急速に変化させる方法を考えてみよう。その方法は二つある。一つ目は、遺伝子が出現してから固定されるまでの時間を短くすることだ。もう一度、【図7-5】（94ページ）

を見てみよう。一番早く対立遺伝子が固定される（100パーセントに達する）のは左上の図だ。これは、個体数が少なくて遺伝的浮動が強く作用する場合の図である。こういうときは、せっかく出現した対立遺伝子が消えてしまう（0パーセントに戻ってしまう）かもしれないけれど、すぐに100パーセントに固定されるかもしれない。消えるか固定されるかは分からないけれど、とにかくすぐに決着がつくのだ。

のろのろしていたら、ほとんどの突然変異は、安定化選択によって除かれてしまう。多くの突然変異は有害で、有益な突然変異なんて滅多にないからだ。でも、遺伝的浮動が強く作用していれば、少しぐらい有害な突然変異でも固定されることがある。固定されてしまえば、こっちのものだ。同じ遺伝子に、また新たな突然変異でも起きない限り、その有害な突然変異が起きた遺伝子でやっていくしかないからだ。そして前に述べたように、遺伝的浮動が強く働くのは集団が小さいときだ。したがって、大きな集団の一部が、何らかの理由で隔離されて、小集団になったときなどは、進化が急速に進むことが予想される。

二つ目は、1回の固定で生物の形態を大きく変化させることだ。【図7-5】は、どの図も対立遺伝子の頻度を表しているだけで、対立遺伝子が1回固定すると、どのくらい形態が変わるかは表していない。もしも1回の突然変異で大きく形態が変化するなら、たとえ固定する突然変異は少なくても、やはり急速な進化が起きるはずだ。

形態を大きく変化させる遺伝子としては、調節遺伝子が候補の一つに挙げられる。遺伝子は大きく分けて2種類ある。構造遺伝子と調節遺伝子だ。構造遺伝子は、体の中で実際に働くタンパク質などを作る遺伝子だ。まあ、普通の遺伝子と言ってよい。一方、調節遺伝子は、他の遺伝子の発現を調節する遺伝子だ。発現というのは、遺伝子(DNA)からRNAやタンパク質が作られることをいう。典型的な調節遺伝子からは、調節タンパク質が作られる。調節タンパク質は再びDNAに結合して、他の遺伝子の発現を調節する。遺伝子のスイッチを入れたり(発現を始めさせる)切ったり(発現を止める)する場合もあるし、発現量(作られるRNAやタンパク質の量)を増減させる場合もある。そして、これらの効果を組み合わせることによって、遺伝子が発現する場所を変えてしまう場合もある。

有名な調節遺伝子としては、動物のホックス遺伝子がある。アンテナペディアはキイロショウジョウバエのホックス遺伝子の一つで、肢を作るための多くの遺伝子のスイッチを入れる役割を果たしている。アンテナペディアは通常、キイロショウジョウバエの胸部で発現しているので、肢は胸部に生えている。しかし、人為的にアンテナペディアを頭部で発現させると、頭部に生えていた触角が、肢に変化してしまうことが知られている。このような調節遺伝子に突然変異が起きて、新しい対立遺伝子が出現し、その新しい対立遺伝子が固定されることもあり得るだろう。そうすれば、たった1回の突然変異が固定されただけで、形態に大きな変化が起きる可能性があるのだ。

【図 8-3】ヒヨクガイの貝殻の二型。左が丸型で右が角型。Hayami (1984) The University Museum, The University of Tokyo, Bulletin 24.

ヒヨクガイの断続平衡的な進化

実は私は、断続平衡説について少し思い出がある。日本の古生物学者である速水格（はやみいたる）（1933〜2013）はヒヨクガイという二枚貝の二型について研究していた（【図8-3】）。二型というのは同種の生物が二つのタイプに分けられる現象で、ヒヨクガイの場合は貝殻の表面の形に二つのタイプがあった。貝殻の表面はデコボコしているのだが、そのデコボコが角張っているタイプ（ここでは角型と呼ぶ）と丸いタイプ（ここでは丸型と呼ぶ）があるのだ。これは、どちらかにはっきりと分けられて、中間型はまったくない。あまりにも違うので別種ではないかとも疑われた。実は、この二型が同種か別種かを遺伝学的に明らかにするのが、私の大学院修士課程のテーマだった。実験の結果は、二型のあいだで交配が起きていることを示していたので、これは別種ではなく同種内の二型という結論になった。

ヒヨクガイは化石としてもよく産出するが、昔は角型のヒヨクガイしかいなかった。角型のヒヨクガイは遅くとも400万年前には現れていて、その貝殻の形は現在のヒヨクガイとほとんど変わらない。ところが約50万年前に、丸型のヒヨクガイが突然出現する。それから丸型は数を増やしていき、現在の日本沿岸では角型と丸型の割合は約7対3になっている。

角型にしろ丸型にしろ、ヒヨクガイの貝殻の形自体は何十万年も何百万年も変化しなかった。しかし角型と丸型のあいだの形の違いは、別種かと思うほど大きい。グールドはこのヒヨクガイの進化に対して「断続平衡説のモデルとは異なるが、断続的な進化観とは一致している」といった、あいまいなコメントをしている。ともあれヒヨクガイにおいても「形態がほとんど変化しない時期」や「形態が急速に変化した時期」があったわけだ。ただヒヨクガイの場合は、「形態の変化」と「種分化」が一致しなかった。このように、断続平衡説とは少しずれた感じの進化もあるけれども、少なくともグールドが後期に主張した断続平衡説の内容は、実際の生物進化において広くみられる現象だといってよいだろう。**ダーウィンが考えていたように、進化は漸進的に進むだけではないのである。**

第9章　発生と獲得形質の遺伝

進化と発生

進化は止まるときがある。特に、生物の体全体ではなく、形質の一部だけに注目したときには、何億年も進化が止まっているものさえある。この章では、そんな例を紹介しよう。

進化とは何か。それは「遺伝する形質が世代を超えて変化すること」だった。だから、私が子どもから大人になるあいだに、姿かたちが変化したのは進化ではない。それは同じ個体の変化であって、世代を超えていないからだ。つまり、**生物の変化には2種類あって、世代を超えた変化が「進化」で、世代の中の変化が「発生」だ。**発生というと、受精卵が細胞分裂をする辺りをイメージする人が多いかもしれないけれど、もっと後の時期の、たとえば中学生が大人になるのも発生だ。

昆虫のチョウを考えてみよう。たとえば、幼虫は緑色のアオムシで、それが蛹（さなぎ）を経て、成虫の白いチョウになる。そういうチョウが進化した結果、幼虫は緑色のままだが、成虫は白から青に変化したとする。その場合、進化と発生は、【図9－1】のように表せる。上の四角の中のように、緑の幼虫が白い成虫に変化したのは発生だ。下の四角の中のように、緑の幼虫が青い成虫に変化したのも発生だ。そして、緑色の幼虫から白い成虫に発生するシステムが、緑色の幼虫が青い成虫に発生するシステムに変化したのが、つまり上の四角が下の四角に変化したのが進化である。白い成虫が青い成虫に進化するわけではない（便宜的にそういう言い方をすることもあるけれど、正確には違う）。**発生システムが変化することが進化なのだ。**

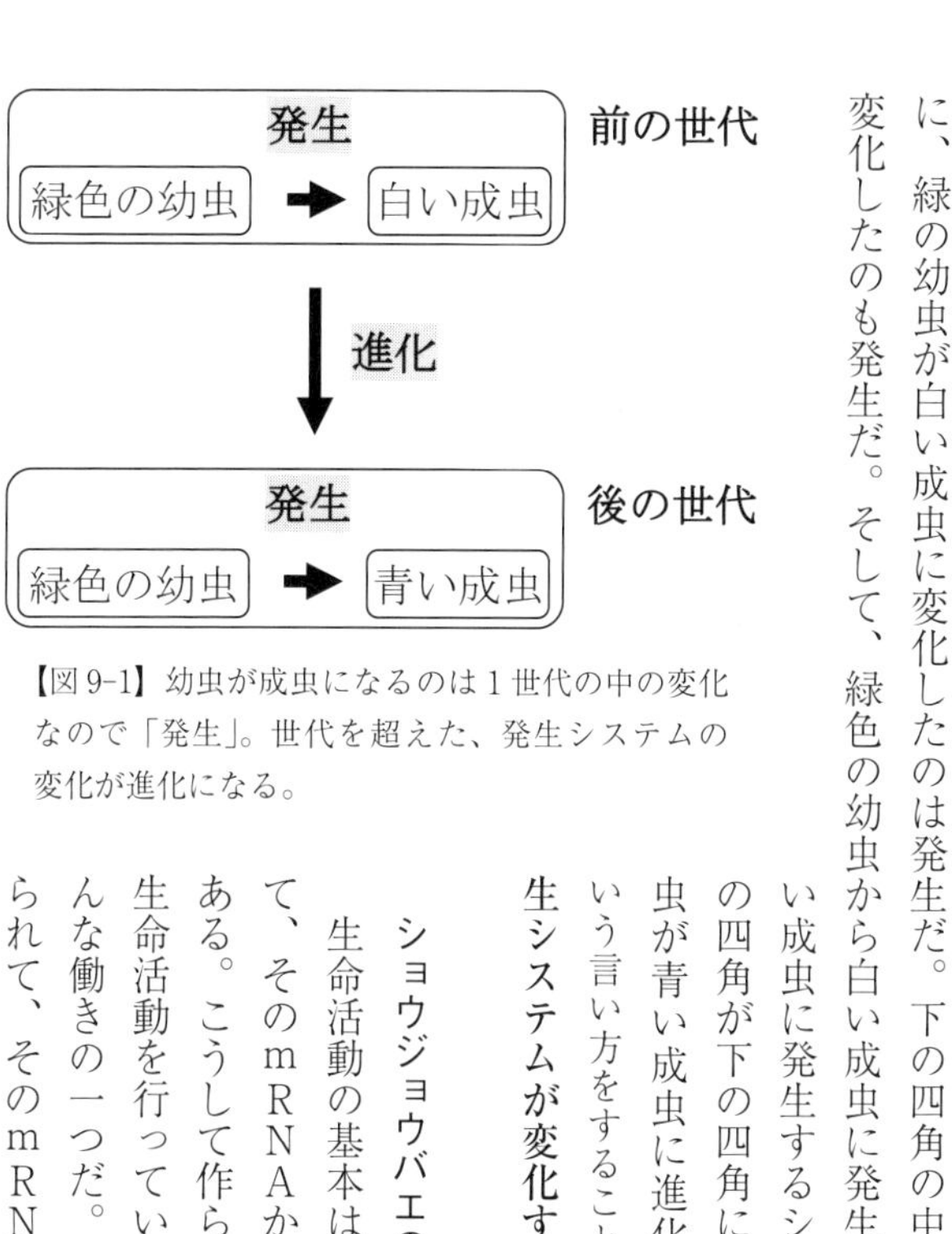

【図9-1】幼虫が成虫になるのは1世代の中の変化なので「発生」。世代を超えた、発生システムの変化が進化になる。

ショウジョウバエの発生システム

生命活動の基本は、ＤＮＡからｍＲＮＡが転写されて、そのｍＲＮＡからタンパク質が翻訳されることである。こうして作られたタンパク質が、実際の様々な生命活動を行っていく。たとえばＤＮＡの合成も、そんな働きの一つだ。つまり、ＤＮＡからｍＲＮＡが作られて、そのｍＲＮＡからタンパク質が作られて、そのタンパク質の働きでＤＮＡが作られる。ＤＮＡとｍＲＮＡとタンパク質の三つは、三すくみになってお互いを作りながら、クルクルと回っているのだ。

生物が生きているときは、この三つがクルクルと回っているけれど、最初はどうだったのだろう。ヒトなどの多細胞生物の場合、一生のスタートは受精卵だ。受精卵は、ＤＮＡとｍＲＮＡとタンパク質の、どこからスタートするのだろうか。やはりＤＮＡからスタートして、ｍＲＮＡ、タンパク質、そしてまたＤＮＡ、ｍＲＮＡ、タンパク質というふうにクルクルと回り始めるのだろうか。

ショウジョウバエの発生の、一番最初を見てみよう。ショウジョウバエは発生生物学における代表的なモデル生物であり、発生メカニズムがもっとも詳しく調べられている。

ショウジョウバエの一生は、ＤＮＡやタンパク質ではなく、ｍＲＮＡからスタートする。ビコイドとナノスとコーダルとハンチバックという四つの遺伝子のｍＲＮＡからスタートするのである。ショウジョウバエの母親の卵巣で、ビコイドとナノスとコーダルとハンチバックが発現して、それぞれのＤＮＡからｍＲＮＡが作られる（前にも述べたが、ＤＮＡからｍＲＮＡが転写されること、あるいはｍＲＮＡからタンパク質が翻訳されることを発現という）。そして母親は、これらのｍＲＮＡを、あらかじめ未受精卵の中に入れておくのである。もちろん、これから生まれるショウジョウバエは、自分のＤＮＡからｍＲＮＡやタンパク質を作って生きていかなければならないのだが、最初だけは母親のｍＲＮＡを使わせてもらうわけだ。

当たり前だが、これらの母親のmRNAは、母親のDNAから作られたものである。そのため、ショウジョウバエの受精卵に入っているビコイドとナノスとコーダルとハンチバックのmRNAとそれから作られるタンパク質は、母性効果因子と呼ばれる。

これらの母性効果因子は、ショウジョウバエの受精卵の決まった場所にある。受精するタイミングでは、【図9-2】(A)のように、ビコイドのmRNAは受精卵の前方、ナノスのmRNAは受精卵の後方にある。コーダルとハンチバックのmRNAは受精卵全体に分布している。その後、それぞれのmRNAからタンパク質が翻訳され始める。発生が始まった生物のことは胚というので、ここからは受精卵ではなくて胚と表記しよう。

ビコイドmRNAが胚の前方にあるので、ビコイドタンパク質は胚の前方だけで作られる。mRNAは胚の前方の膜に固定されているので動かないが、作られたタンパク質は固定されていないので、胚全体へと拡散していく(【図9-2】(B))。とはいえタンパク質の拡散速度は遅いので、実際には胚全体に一様には広がらない。胚の前方では濃度が高いが、後方にいくにしたがって濃度が低くなるような、濃度勾配を形成するのである(【図9-2】(C))。

ナノスmRNAは胚の後方にあるので、ビコイドの場合と逆になる。つまり、ナノスmRNAから翻訳されたナノスタンパク質は、胚の後方では濃度が高いが、前方にいくにしたがって濃度が低くなるような、濃度勾配を形成するのである(ちなみに、ナノスタンパク質にはビコイドの発現を抑制する働きがあるので、ビコイドタンパク質の濃度勾配はそのため少し急になる)。

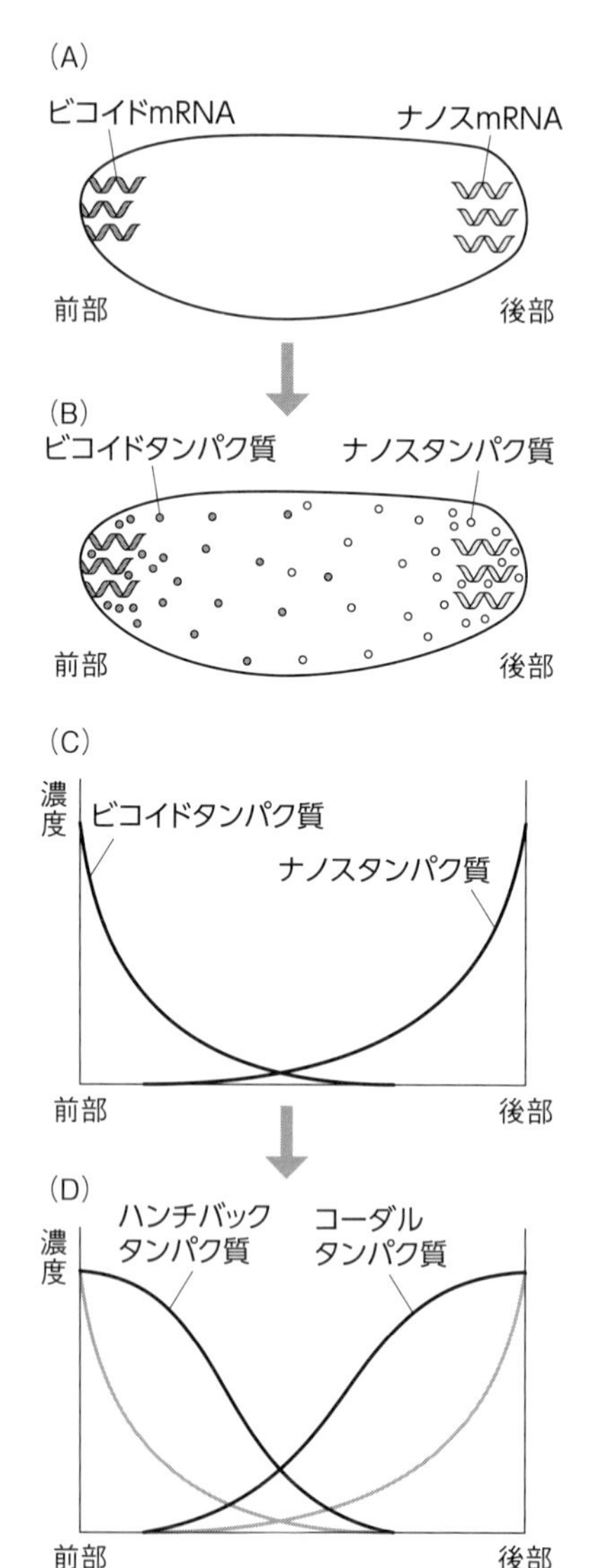

【図9-2】(A) 受精するタイミングでは、ビコイドのmRNAは受精卵の前方、ナノスのmRNAは受精卵の後方にある。(B) ビコイドタンパク質は胚の前方で作られて、後方へ拡散していく。ナノスタンパク質は胚の後方で作られて、前方へ拡散していく。(C) その結果、ビコイドタンパク質は、胚の前方で濃度が高く、後方にいくにしたがって濃度が低くなるような、濃度勾配を形成する。ナノスタンパク質は反対に、胚の後方で濃度が高く、前方にいくにしたがって濃度が低くなるような、濃度勾配を形成する。(D) ビコイドタンパク質やナノスタンパク質によって発現が抑制されるため、ハンチバックタンパク質は、胚の前方で濃度が高く、後方にいくにしたがって濃度が低くなるような、濃度勾配を形成する。コーダルタンパク質は反対に、胚の後方で濃度が高く、前方にいくにしたがって濃度が低くなるような、濃度勾配を形成する。図／WADE

コーダルｍＲＮＡは胚全体にあるので、コーダルタンパク質は胚全体で作られそうだが、そうはいかない。実は、コーダルの発現は、ビコイドタンパク質によって抑制されるのだ。したがって、コーダルｍＲＮＡは胚全体に分布しているけれど、ビコイドタンパク質がたくさんある胚の前方では、コーダルタンパク質は作られないのだ。しかし、ビコイドタンパク質は胚の後方にいくと濃度が低くなるので、胚の後方にいくとコーダルの発現を抑制する効果が減少し、コーダルタンパク質が作られるようになっていく。結局、コーダルタンパク質は、ナノスタンパク質と同様に、胚の後方では濃度が高いが、前方にいくにしたがって濃度が低くなるような、濃度勾配を形成するのである。

ハンチバックｍＲＮＡも胚全体に分布している。そしてハンチバックの発現はビコイドタンパク質によって促進され、ナノスタンパク質によって抑制される。ビコイドタンパク質は胚の前方に多く、ナノスタンパク質は胚の後方に多いので、ハンチバックタンパク質は、ビコイドタンパク質と同様に、胚の前方では濃度が高いが、後方にいくにしたがって濃度が低くなるような、濃度勾配を形成する。

その結果、【図９－２】（Ｄ）のように、ビコイドタンパク質とハンチバックタンパク質は胚の前方で濃度が高く、ナノスタンパク質とコーダルタンパク質は胚の後方で濃度が高くなるような濃度勾配を形成する。この濃度勾配によって、胚の前後が決定されるのである。

さて、ここからはショウジョウバエも、自分のＤＮＡを使って生きていかねばならない。ショウジョウバエには約1万4000個の遺伝子があるが、その中の数個の遺伝子（ギャップ遺伝子と呼ばれる）が、母性効果タンパク質によって発現を促進されたり抑制されたりしながら、働きはじめる。その次には、また数個の遺伝子（ペアルール遺伝子と呼ばれる）が、今度はギャップ遺伝子によって発現を促進されたり抑制されたりしながら、働きはじめる。そうしたことが次々と連鎖的に起きて、ショウジョウバエの体が作られていくのである。

遺伝子カスケード

これはショウジョウバエの話で、他の動物では、使われる遺伝子やそれらの関係も違っている。しかし、共通していることもある。それは、遺伝子の発現が連鎖的に起きて、発生が進んでいくことである。**このように遺伝子が連鎖的に発現していく仕組みを、遺伝子カスケードという。**カスケードというのは分かれ滝、つまり階段のように何段にも分かれて落ちる滝のことである。前章で述べた構造遺伝子は、遺伝子カスケードの一番下流の遺伝子で、調節遺伝子はそれ以外の、上流や途中の遺伝子といってよいだろう。

進化とは発生システムが変化することだが、遺伝子レベルで見れば、遺伝子カスケードが変化することである。遺伝子カスケードの下流の方にある遺伝子なら、突然変異が起きて少しぐらい変化しても、それほど生物の形は変わらないかもしれない。しかし、遺伝子カスケードの上流にある遺伝子が変化したら、その変化がいろいろな遺伝子に連鎖的に影響して、最終的に作られる生物の形は、大きく変わる可能性が高い。
しかし、遺伝子カスケードを自由に変化させることができたとしても、どんな形の生物でも作れるわけではなさそうだ。おそらく、最終的にできる生物の形には、一定の制限がある。水が流れ落ちる階段も、ある程度はデコボコしているだろう。だから、水が四方八方に広がりながら、階段を流れ落ちていっても、どうしても階段の一部は乾いたままで、水が到達できない領域が残ってしまう。進化においても、そういうことは起こり得る。それを、発生的制約と呼んでいる。

さて、遺伝子カスケードのどこで突然変異が起きるかも重要だが、突然変異そのものにもいろいろな種類がある。ＤＮＡはヌクレオチドという化合物がたくさんつながったものだが、そのヌクレオチドが一つだけ入れ替わる塩基置換もあるし、何万というヌクレオチドが一度に他の場所に移動してしまう転座もある。したがって、1回の突然変異でどのくらい生物が変化するかは、千差万別だ。どんな種類の突然変異が起きるか、あるいはその突然変異がゲノムのどこに起きるかによって、生物は少ししか変化しないこともあるし、ものすごく大きく変化することもあるのだ（ちなみに**ゲノムというのは生物の持つ遺伝情報全体のことで、ほぼＤＮＡ全体**と考えてよい。ただ私たちヒトは、母親と父親の両方からほぼ同じＤＮＡをもらう2倍体の生物なので、一人がゲノムを2組持っている）。

そして、変化の多少にかかわらず、突然変異が起きた個体にも、必ず自然選択が働く。少ししか変化していなければ、適応度はそれほど変化しないだろう。一方、大きく変化していれば、適応度も大きく変わる可能性が高い。まあ、適応度が大きく上がることは少なくて、大きく下がることが普通だろう。たまたま大きく変化した形質が、生存や繁殖に有利に働く可能性は低いからだ。もしも従来の個体と交配ができないくらい大きく変化してしまった場合は、子どもが作れないのだから、適応度はゼロになってしまう。

しかし、集団の個体数が少なければ、自然選択の効果は弱くなり、代わりに遺伝的浮動の効果が強くなる。その場合は適応度が低くても（さすがにゼロでは無理だが、少しでもゼロより大きければ）、突然変異によってできた新形質が集団全体に広がって固定される可能性がある。この場合は、1回の突然変異で起きた大きな変化が進化したことになる。断続平衡的な進化において、急速な進化が起きた場合の中には、こういうケースも含まれているだろう。

一番大事なところは進化しない

さきほど述べたように、ショウジョウバエの発生に関わる遺伝子カスケードは、ビコイドなどの母性効果遺伝子群から始まる。その後、ギャップ遺伝子群、ペアルール遺伝子群、セグメントポラリティ遺伝子群を経て、ホックス遺伝子群の発現が始まる。ショウジョウバエの体はいくつかの体節から成るが、ホックス遺伝子はそれぞれの体節をどんな体節にするか（体節のアイデンティティ）を決める遺伝子である。ショウジョウバエは8個のホックス遺伝子を持っており、それぞれがショウジョウバエの体の前後軸に沿って並んだ領域ごとに発現して、体節のアイデンテイティを決めるわけだ。

ところが、このホックス遺伝子群がマウスでも見つかり、その後多くの動物で共有されていることがわかった。ホックス遺伝子群の働きも、動物の体の前後軸に沿って、何らかのアイデンティティを決めるという点では共通していた。つまり、ホックス遺伝子は、動物の体の基本的な作り（ボディプラン）を決める遺伝子なのだ。逆にいえば、6億年以上にわたる動物の歴史を通じて、ホックス遺伝子の基本的な部分は変化しなかったことになる。

ホックス遺伝子が変化しなかったメカニズムは、おそらく安定化選択だろう。突然変異は動物のゲノムのどこにでも起こり得るからだ。当然、ホックス遺伝子にも突然変異が起きただろう。でも、ホックス遺伝子が大きく変化すると、その下流の遺伝子カスケードが変化して適応度が大きく下がってしまい、そういう個体は生き残れなかったのだ。もう一つの可能性としては、発生的制約がある。しかし、現時点では、具体的な仕組みまではっきりとわからないので、可能性を指摘するにとどめよう。

ともあれ動物においては、ホックス遺伝子を基本的に変えるほどの進化は、約6億年ものあいだ起こらなかった。どんなに大きな進化が起こっても、それはホックス遺伝子が機能できる範囲を超えることはなかった。第7章で述べた逆適応地形図で考えれば、ホックス遺伝子が落ち込んだ谷は、ものすごく深かったということだろう。

生物には莫大な多様性がある。それでも、生物の進化の道筋は無限ではなく、おそらく限りがあるのだろう。その限られた範囲の中で進化してきたのが、地球の生物なのだ。

さて、先に述べたように、受精卵から大人になるプロセスが発生だが、考えてみれば、これは不思議なことである。

エピジェネティクスとは何か

受精卵という一つの細胞が細胞分裂を繰り返して、神経細胞や筋細胞などのいろいろな細胞に分化する。でも、最初の受精卵が持っていたＤＮＡも、分化した神経細胞や筋細胞が持っているＤＮＡも同じＤＮＡのはずだ。同じＤＮＡなら、持っている情報も同じだろう。それなのに、どうしてある細胞は神経細胞になって、別の細胞は筋細胞になるのだろうか。

実は、筋細胞になる細胞のＤＮＡと、神経細胞になる細胞のＤＮＡは同じではない。両者のＤＮＡが持つ塩基配列は同じだが、実はＤＮＡが持っている情報は塩基配列だけではないのだ。このような、**ＤＮＡの塩基配列以外の情報が、細胞分裂の前後で受け継がれる現象をエピジェネティクスという。**エピジェネティクスにはいろいろなものがあり、ＤＮＡだけではなくタンパク質も関与するが、一番有名なエピジェネティクスは、ＤＮＡのメチル化である。

ＤＮＡが持つ塩基は4種類ある。アデニン（Ａ）とチミン（Ｔ）とグアニン（Ｇ）とシトシン（Ｃ）だ。メチル化が起きるのは、このうちのシトシンだけだ。シトシンがメチル化されると、つまりシトシンにメチル基（$-CH_3$）が結合すると、メチル化シトシンになる。このメチル化シトシンが5番目の塩基のように振る舞って、情報を伝えるのである。

筋細胞になる細胞のDNAと、神経細胞になる細胞のDNAでは、このメチル化のパターンが異なる。つまり、どのシトシンがメチル化されるかが異なるのだ。筋細胞になる細胞と、神経細胞になる細胞では、ATGCという四つの塩基に関する配列は同じである。しかし、シトシンとメチル化シトシンを区別して、五つの塩基として配列を考えれば、両者の塩基配列は異なるのである。

獲得形質の遺伝は存在するけれど

このDNAのメチル化の一部は、DNAの塩基配列と同じように、次の世代にも伝わることが知られている。さらにDNAのメチル化は、環境によって変化させることもできる。

たとえば、セイヨウタンポポを低栄養状態にすると、メチル化のパターンが変化する。そして、この変化したパターンは、子の世代にも伝わるのである。これは、親が生きているあいだに獲得した形質が、子供に伝わったのだから、獲得形質の遺伝だ。獲得形質の遺伝って、ラマルクや後期のダーウィンが主張していたけれど、それって間違いではなかったっけ?

いや、実際に、獲得形質の遺伝は存在するのだ。でも、だからといって、ラマルク説が正しいということにはならない。

ラマルクが主張した考えは、用不用説と言われる。親の世代でよく使う器官が発達すると、その発達した器官が子供の世代にも伝わるという説だ。ここでは、用不用的エピジェネティクスと呼ぶことにしよう。

一方、セイヨウタンポポなどで報告されている獲得形質の遺伝現象は、環境の変化が原因になっている。環境の変化が原因で、DNAのメチル化などのエピジェネティクスが起こったのだ。ここでは、環境要因的エピジェネティクスと呼んでおこう。

ラマルク説のような、用不用的エピジェネティクスが存在する証拠は、今のところない。しかし、環境要因的エピジェネティクスは、さまざまな生物で報告されており、その存在は確実である。したがって、その意味では、獲得形質の遺伝が存在することは確実と言ってよい。

とはいえ、環境要因による獲得形質があることは、それほど驚くことではないかもしれない。たとえば、放射線を浴びれば、DNAの塩基配列が変化する。そして、その塩基配列の変化は、子供にも遺伝する。もしも、環境要因的エピジェネティクスを獲得形質の遺伝と呼ぶのなら、この放射線によるDNAの塩基配列の変化も、獲得形質の遺伝と呼んでいいだろう。まあ、もしも、用不用的な獲得形質の遺伝が発見されたら、それは大発見だろうけれど。

第10章　偶然による進化

進化と偶然

私たちには親が二人いる。母親と父親だ。私たちはその両方から遺伝子を受け継いでいる。でも、もし母親と父親の遺伝子を全部受け継いだら、私たちの遺伝子は両親の2倍になってしまう。それをまた子供に全部渡したら、子供の遺伝子は4倍になってしまう。こうして遺伝子がどんどん増えていっては困るので、それを解決するために、生物は減数分裂をする。

仮に、足の速さに関する遺伝子aがあったとしよう。母親も父親も、その遺伝子を二つずつ持っている。つまり二人とも遺伝子型は同じでaaだ。

母親は卵を作るときに減数分裂をして、aaのうちの一つだけを卵に入れる。つまり卵の遺伝子型はaだ。一方、父親も精子を作るときに減数分裂をして、aaのうちの一つだけを精子に入れる。つまり精子の遺伝子型もaだ。この卵と精子が受精すれば、子供の遺伝子型はaaとなる。

これなら子供はちゃんと両親から遺伝子を受け継いでいるし、遺伝子も増えないので具合がよい。具合はよいのだが、このために生物の進化には、大きな偶然性が入り込むことになった。

親が持つ二つの遺伝子のうち、どちらが子供に伝わるかは偶然による。もっとも、上の例のように、遺伝子が二つとも同じaなら、どちらが子供に伝わっても同じである。しかし、たまたま突然変異が起こって、aとは少し違う遺伝子Aが現れたときは、どうなるだろうか。たとえば父親の遺伝子型がAaの場合は、どうなるだろうか。

この場合、父親が作る精子の遺伝子型はAかaの2通りになる。どちらの精子が卵と受精するかは、半々の確率である。もしもその子供が一人っ子で、たまたまAが伝わらなければ、せっかく出現したAという遺伝子は、この世からなくなってしまう。何人か子供がいて、運よくその子供の一部にAが伝わったとしても、孫やひ孫の世代で消えてしまう場合だってあり得る。**このように、父親が（あるいは母親が）二つ持っている対立遺伝子のうちの、どちらが子供に伝わるか、という偶然によって、ある遺伝子が増えたり減ったりすることを遺伝的浮動という。**つまり、遺伝子の無作為抽出による遺伝子頻度の偶然的変化のことで、イギリスの統計学者、ロナルド・フィッシャー（1890～1962）が1922年に提唱した言葉である。

この遺伝的浮動は、自然選択と並んで、重要な進化のメカニズムと考えられている。偶然による進化が重要だなんて、なんだか変な気がするが、実際にはとても重要なのだ。それでは、遺伝的浮動がどんなふうに重要なのかを見てみよう。

子供をたくさん産めば速く進化する

遺伝的浮動の話をする前に、少しだけ自然選択の話に戻ろう。生物が自然選択によって進化するときは、子供の数が多いほど、進化が速く進むことが知られている。この現象を、総人口が一定で変化しない簡単なケースで考えてみよう。

ある男の遺伝子aに突然変異が起きて、頭がよくなる遺伝子Aが進化した。その男の遺伝子型はaaからAaになり、彼は頭がよくなった。頭がよいと勉強にも仕事にも有利で、彼は人生におけるあらゆる競争で勝利し続けた（実際にはそんなことはないけれど）。そんな彼が、普通の女性（遺伝子型はaa）と結婚し、子供が産まれた。

母親の卵の遺伝子型はaだが、父親の精子の遺伝子型はAとaの2通りある。だから子供の遺伝子型がAaになるかaaになるかは50パーセントずつの確率だ。そこで、この夫婦に子供が二人産まれて、一人がAaでもう一人がaaだったとする。つまり一人は頭のよい子供で、もう一人は普通の子供だ。二人の子供はそれぞれ結婚して、それぞれの家庭で二人ずつ孫が産まれた。子供Aaの家庭の二人の孫は、一人がAaでもう一人がaaになる確率が高い。一方、子供aaの家庭の二人の孫は、両方ともaaである（【図10－1】（A））。

つまり父親の世代でも、子供の世代でも、孫の世代でも、Aaは一人しかいない。Aaは増えていかないのだ。Aaはaaよりあらゆる面で有利なので、自然選択によって増えていきそうな

（A）一組の夫婦に子供が２人いる場合

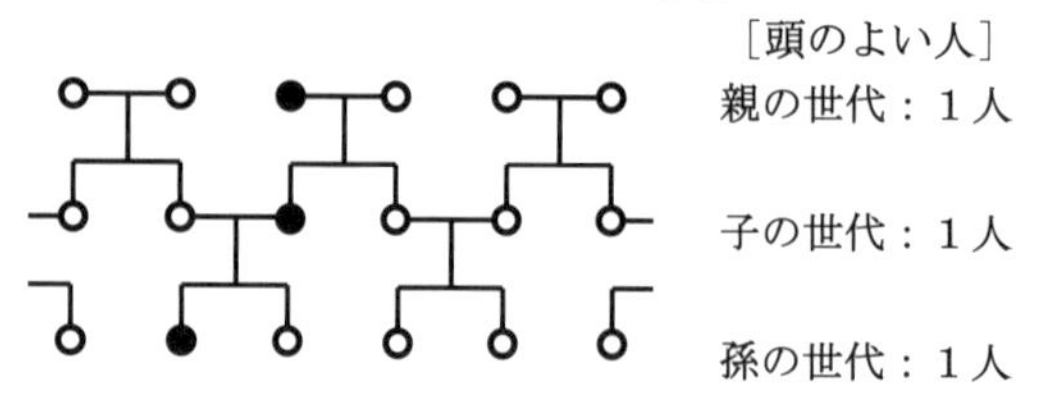

（B）一組の夫婦に子供が４人いる場合

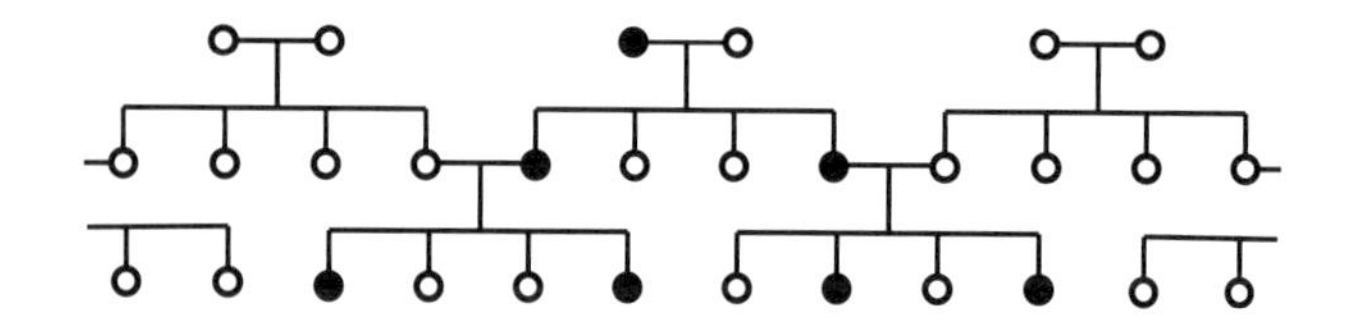

［頭のよい人］　親の世代：１人、子の世代：２人、孫の世代：４人

【図10-1】子供の数と進化速度。（A）一組の夫婦が子供を２人産む場合。頭のよい人は増えていかない。（B）一組の夫婦が子供を４人産む場合。頭のよい人は増えていく。●が頭のよい人。

のに、どうして増えていかないのだろうか。その理由は（総人口が一定だとすれば）過剰繁殖をしていないからである。夫婦二人が二人の子供を産めば、子供は二人ともすくすくと育つことができるのだ。

　では、すべての夫婦が子供を4人ずつ産む場合はどうなるだろうか（【図10－1】(B)）。その場合のAaは、親の世代では一人、子供の世代では二人、孫の世代では4人と、順調に増えていく。もしもすべての夫婦が子供を6人ずつ産むとすれば、Aaは、親の世代では一人、子供の世代では3人、孫の世代では9人と、さらに速いスピードで増えていく。

しかしこの場合、すべての子どもが大人にはなれない。人口は一定なので、平均的に考えれば、一組の夫婦が産んだ子供の中で、大人になれるのは二人だけだ。したがって、４人産んだ場合は残りの二人の子供が、６人産んだ場合は残りの４人の子供が、大人になる前に死ぬことになる。

自然選択で有利な個体が増えていくということは、裏を返せば不利な個体が死んでいくということだ。死んでいく個体がいなければ、有利な個体が増えていくことはできないのだ。つまり、**自然選択では、子どもを多く産むほど進化速度が速くなるのだ。**

ここでは単純化するために人口を一定としたが、人口が増える場合でも、減る場合でも、基本的には同じである。とにかく産んだ子供が全員大人になれば、自然選択は働かない。たとえ有利な個体がいても、増えていくことはできない。

有利な個体が増えていくためには、大人になる前に死ぬ子供がいなければならない。大人になる前に死ぬ子供には、有利な個体より不利な個体が多いだろう。そのため、不利な個体が減るので、相対的に有利な個体が増えていくのだ。

つまり正確に言えば、自然選択には有利な個体を増やす力はなく、不利な個体を減らすことしかできない。そして、子供をたくさん産めば産むほど、大人になるまえに死ぬ子供が増える。サケは一生に約２０００個の卵を産むし、マンボウに至っては約2億個も卵を産む。でも平均的に考えれば、サケでもマンボウでも、一生の間に産んだ卵の中から大人になるまで育つのは、だいたい2尾前後だろう。もしもそれ以上が大人になれば、そのうち海は、サケやマンボウでいっぱいになってしまう。サケやマンボウの子供は、ほとんどが大人になれないということだ。

進化速度が速すぎる

1960年代のことである。国立遺伝学研究所の木村資生（もとお）（1924〜1994）は、妙なことに気がついた。1960年代といえば、タンパク質のアミノ酸配列やDNAの塩基配列が次々に報告され始めた時代である。それらのデータを見ると、タンパク質や遺伝子（DNA）の進化速度が異常に速い。たとえば、イギリスの集団遺伝学者、J・B・S・ホールデン（1892〜1964）が推定したDNAの進化速度（DNAの塩基が変化する速さ）と比べると、その数百倍にも達するのだ。

この速い進化速度を自然選択で説明しようとすると、生物は子供をたくさん産まなくてはならない。すぐ前で述べたように、子供をたくさん産めば、進化速度を速くすることができるからだ。とはいえ、ここまで進化速度を速くするためには、ありえないほど多くの子供を産まなくてはならない。たとえば哺乳類が、何万匹も子供を産まなくてはならない。しかし、そんなことは不可能だ。あきらかに何かがおかしいのだ。

妙なことは、もう一つあった。それは、タンパク質に多形と呼ばれる現象がたくさん見つかり始めたことだ。多形とは、ヒトのABO式血液型のように、複数の形質が同種の生物の集団内に共存することである。１９６０年代までは、このような多形現象は、きわめて珍しいことだと考えられていた。

たとえば、ＡＢＯ式血液型にはＡとＢとＯという3種類の対立遺伝子がある。このように複数の対立遺伝子があっても、不利な対立遺伝子は自然選択によって速やかに除かれ、もっとも有利な対立遺伝子が1種類だけ残る。現在ほとんどの遺伝子は、こうして1種類だけが残っている状況だと考えられるので、多形現象は少ないと考えられていたわけだ。

ところが、タンパク質が簡単に調べられるようになると、次々にタンパク質の多形が見つかり始めたのである。当時報告されたショウジョウバエのタンパク質では、多形性を示すものが約30パーセントに達した。私も先に述べたヒヨクガイでタンパク質の多形現象を調べたことがあるが、調べた中で多形性を示したものは約40パーセントもあった。これでは珍しくも何ともない。多形現象なんてありふれたことなのだ。

もっとも、タンパク質の多形がたくさん見つかる前から、それと矛盾しない意見を持っていた研究者もいた。ロシア生まれでアメリカに帰化した進化生物学者、テオドシウス・ドブジャンスキー（１９００〜１９７５）はその一人だ。遺伝子型がＡＡやaaの場合は同じ対立遺伝子が二つあるのでホモ接合、遺伝子型がAaの場合は対立遺伝子が異なるのでヘテロ接合という。ドブジャンスキーはショウジョウバエなどを使った実験から、ホモ接合よりヘテロ接合の方が生物にとって有利である（この現象を超優性という）と考えるようになった。ヘテロ接合の方が有利ならば、複数の対立遺伝子が自然選択によって残されるはずである。１９６０年代になって、タンパク質の多形がたくさん見つかると、これはドブジャンスキーの意見を支持する証拠のように見えた。

しかし、どうもおかしい。たとえば、遺伝子型がAaの両親から子供が４人産まれたとしよう。確率的に考えれば、子供の遺伝子型は、AAが一人、Aaが二人、aaが一人だ。ホモ接合のAAやaaは不利なので、大人になる前に死んでしまうが、ヘテロ接合であるAaは有利なので、二人とも大人になれるとする。つまりAaの両親がAaの子供を二人残すには、つまり現状を維持するためには、子供を４人産まなくてはならないのだ。

ここまではよい。でも、生物が持っている遺伝子は一つだけではない。別の遺伝子も考えに入れたら、どうなるだろうか。たとえば、遺伝子型がAaBbの両親が、子供を産む場合だ。ヘテロ接合AaBbの子供を二人産むためには、今回は、子供を８人産まなくてはならない。子供を８人産めば、確率的に考えれば子供の遺伝子型は、AABBが０・５人、AABbが一人、AAbbが０・５人、AaBBが一人、AaBbが二人、Aabbが一人、aaBBが０・５人、aaBbが一人、aabbが０・５人になる。両方の遺伝子がヘテロ接合であるAaBbはもっとも有利なので、これだけが大人になれる。しかし、その二人を生き残らせて、現状を維持するためには、６人が大人になる前に死ななくてはならないのである。

Aaを二人残すためには、子供を４人産まなくてはならない。AaBbを二人残すためには、子供を８人産まなくてはならない。AaBbCcを二人残すためには子供を16人産まねばならない。

AaBbCcDdを二人残すためには子供を32人産まねばならない。もしも多形を示す遺伝子が１００個あれば（ヒトではもっと多いだろう）マンボウ並みに子供を2億人産んでも全然足りない。このように、自然選択で多くの遺伝子をヘテロ接合にしておくには、ものすごくたくさんの子供を産まなくてはならないのだ。ドブジャンスキーが考えたように、多くのタンパク質が多形性を示す原因を、自然選択に帰するのは無理なのである。

自然選択が働くためには、たくさんの個体が死ななくてはならない。有利なものが生き残ることと、不利なものが死んでいくことは、表と裏の関係だ。だから自然選択を働かせるためには、死んでいく分の子供を余計に産まなくてはならない。でも生物は、いくらでも子供を産めるわけではない。だから、進化現象を何でもかんでも自然選択のせいにするのは、そもそも無理なのだ。過去には、自然選択万能主義というものが、幅を利かせていた時代もあった。でもそういう時代を終わらせる論文を、50年ほど前に木村が発表したのである。

遺伝的浮動の重要性

木村は、これらの自然選択では説明できない現象が、遺伝的浮動を考えることでうまく説明できることに気がついた。進化速度が速いことも、タンパク質に多形が多いことも、両方とも説明できるのである。

タンパク質に多形が多いのは、遺伝的浮動のせいだ。私たちにＡＢＯ血液型の多形が存在するのも、遺伝的浮動のせいだ。もしも、ある血液型が別の血液型よりも有利なら、私たちはとっくに全員その血液型になっていて、血液型多形はなくなっているだろう。でも、血液型の間にはほとんど有利や不利がないので、それぞれの血液型の対立遺伝子が、遺伝的浮動によって増えたり減ったりしているのだ。

このように進化においては、自然選択だけでなく、遺伝的浮動も重要な働きをしている。そのような例の一つとして、遺伝的浮動が自然選択を補うケースを述べておこう。

花の色を青くする遺伝子Aと花の色を白くする遺伝子aがあったとする。遺伝子型がAAの個体は花が青くなり、遺伝子型がaaの個体は花が白くなる。一方、遺伝子型がAaの個体は花が青くなったとしよう。Aのように他の対立遺伝子の効果を隠してしまう遺伝子を顕性遺伝子（あるいは優性遺伝子）と言い、aのように効果を隠されてしまう遺伝子を潜性遺伝子（あるいは劣性遺伝子）と言う。

青い花は昆虫に見つかりやすく、花粉をたくさん運んでもらえる。しかし、白い花には昆虫があまり来なくて、花粉を運んでもらえない。そこで白い花は不利になり、自然選択でどんどん減っていく。ところが自然選択は、対立遺伝子aを減らすことはできるが、なくすことはできないのだ。

青い花が増えて白い花が減ると、対立遺伝子Aが増えて、aが減る。するとaは、ヘテロ接合Aaの形でしか存在できなくなる。aとaが出会ってホモ接合aaを作る確率が、ほとんどゼロになるからだ。そうするとすべての花の色は青くなり、自然選択は働かなくなる。自然選択は花の色という表現型にしか働かないので、遺伝子型AAとAaを区別することができないからだ。こうなると、少なくなったとはいえ、aはなかなか無くならない。場合によっては、かなり長期間にわたって消えずに残り続ける。私たちヒトにおいても、不利な遺伝子が潜性遺伝子としていくつも存在しているのは、こういう理由による。**不利な潜性対立遺伝子をなくす力があるのは遺伝的浮動だけである。**時間はかかるかもしれないが、最後に引導をわたすのは遺伝的浮動なのだ。自然選択だけでは不利な潜性対立遺伝子をなくすことはできない。きちんと最後まで自然選択を作用させるためには、遺伝的浮動の力も必要なのである。

第11章　中立説

進化は避けられない

前章で述べたように、タンパク質のアミノ酸配列やＤＮＡの塩基配列が調べられるようになると、これらの分子の進化には、自然選択よりも遺伝的浮動の方が強く働いていることがわかってきた。それを受けて、木村資生は１９６８年に「分子レベルの進化的変化の大部分は、自然選択に中立またはほぼ中立な突然変異を起こした遺伝子の、遺伝的浮動によって起こる」という「分子進化の中立説」を主張した。

中立説が正しいこと、つまり現実にうまく合っていることは、進化速度や多形のデータからみて疑いない。でも、何となくすっきりしない。**自然選択による進化よりも、偶然による進化の方が多いなんて本当だろうか。**

地球のすべての生物は細胞でできており、単細胞生物と多細胞生物に分けられる。単細胞生物の大きな特徴は、無限に細胞分裂できることだ。現在の地球に生きているすべての単細胞生物は、生命が誕生した約40億年前から、ただの1度も途切れることなく細胞分裂し続けてきたのだ。もし1度でも細胞分裂ができなかったら、その時点でその系統は途切れてしまい、現在まで子孫を伝えていないはずだからだ。考えてみれば当たり前だが、これはすごいことだ。

多細胞生物も、基本的には同じである。私たち多細胞生物の体には、2種類の細胞がある。体細胞と生殖細胞だ。私たちの体のほとんどは体細胞である。たとえば、私の指は体細胞でできている。そして私が死んだら、この指もお終いである。この指の体細胞が、子孫に受け継がれていく可能性はない。つまり、体細胞は使い捨ての細胞なのだ。

一方、生殖細胞は使い捨ての細胞ではない。子孫に受け継がれて、無限に分裂していくことができるからだ。私たちの生殖細胞は卵や精子（とその元になる細胞）である。実際には、卵や精子は多めに作られるので、それらの全てが子孫に受け継がれるわけではない。しかし少なくとも、全ての生殖細胞には、子孫に受け継がれる可能性があるのだ。

多細胞生物の進化を考えるときに重要なのは、生殖細胞である。体細胞に突然変異が起きても、子孫に受け継がれないので、進化には関係ない。**進化に関係するためには、突然変異は生殖細胞に起きなくてはいけない**。それなら、子孫に受け継がれる可能性があるからだ。

したがって、多細胞生物も生殖細胞を通じて、約40億年の間ただの1度も途切れることなく細胞分裂し続けてきたのだ。つまり単細胞生物でも多細胞生物でも、地球の全ての生物は、約40億年のあいだ細胞分裂をし続けて今に至っているのである。

細胞分裂をするたびに、DNAはコピーされて2倍になる（有性生殖で配偶子を作る場合は除く）。だからDNAは、約40億年間コピーされ続けてきたのだ。そして、コピーにはミスがつきものである。コピー機を使ってコピーを繰り返せば、字や絵はだんだん粗くなって、ぼやけてくる。コンピューターのデジタル情報だって、100パーセントのコピーを無限に繰り返すことはできない。この世のすべての現象にはゆらぎがあるので、確率は低いが、デジタル情報のコピーにも間違いが発生する。この世に完璧なコピーは存在しないのだ。つまりDNAをコピーしているかぎり、DNAは変化する。進化は避けられない。生物はどうあがこうと進化してしまうのだ。必ずDNAは突然変異を起こしてしまうのである。

自然選択の監視はゆるい

DNAは必ず突然変異を起こす。だから進化は避けられない。でも、その突然変異に自然選択が働けば、生物は自然選択によって進化するはずだ。その突然変異が有益か有害かを自然選択が判断し、増やすべきものは増やし、除くべきものを除いていく。それで、なんの問題もないように思える。**ところが残念ながら、自然選択はそんなに働き者ではないのだ。**

たしかに突然変異に自然選択が働くこともあるけれど、働かないことも結構ある。突然変異が自然選択の監視の目を逃れる方法は、いくらでもあるのだ。たとえば、125〜126ページでも述べたが、それぞれの夫婦が子供を二人作り、人口が一定している場合だ。この場合は、どんなに有益で素晴らしい突然変異が起きても、自然選択は働かない。なぜなら（人口が一定なら）子供が二人では過剰繁殖ではないからだ。過剰繁殖をしていなければ、突然変異は自然選択に見つからないのだ。また、二つの対立遺伝子が顕性（優性）と潜性（劣性）の関係にある場合、ヘテロ接合をすれば潜性遺伝子が自然選択の目を逃れることも、前章で述べた。

また、たとえ突然変異が見つかっても、自然選択があまり働かないこともよくある。自然選択は悪いものを除くのは得意だが、良いものを増やすのは苦手なのだ（安定化選択は多いが、方向性選択は少ないということだ）。ある集団の中の1個体に、非常に有害な突然変異が起きたとしよう。その個体は生きていくことさえできないので、もちろん子供も作れない。その結果、有害な突然変異は自然選択によってただちに除かれてしまう。

それでは次に、ある集団の中の1個体に、非常に有益な突然変異が起きたとしよう。でも、この有益で素晴らしい突然変異に、自然選択が働くとは限らない。もし、幸せに暮らせる突然変異が起きても、ごはんが美味しく食べられる突然変異が起きても、長生きができる突然変異が起きても、それだけでは自然選択は働かない。自然選択が働く突然変異はただ一つ、子供の数を変化させる突然変異だけなのだ。たとえば、長生きした結果として子供がより多く残せるなら、長生きができる突然変異が自然選択によって増えていく可能性がある。しかし長生きをしても子供の数に変わりがないなら、長生きをする突然変異に自然選択は働かないのである。したがって、もともと子供をたくさん産まない生物には、自然選択はあまり強く働かないことになる。ヒトやゾウに働く自然選択は、それほど強いものではないだろう。

さらに言えば、遺伝子はたくさんある。私たちヒトの場合は、約2万2000個ある。しかも遺伝子だけでなく、遺伝子でない部分のDNAにも突然変異は起きる。もし多くの突然変異が起きても、それぞれの突然変異ごとに自然選択が働くわけではない。自然選択は個体に働く。つまりゲノム全体に働くのだ。

ある市役所が、大きなビルを建てる計画を発表したとしよう。そのビルが建つことで得をする住民は、その計画に賛成するかもしれない。でも、損をする人もきっといるだろう。そういう人は計画に反対するに違いない。そして、いろいろな意見の人々が市役所の窓口に詰めかけた。計画に賛成する人も、反対する人も、ビルは別の場所に建てろという人も、ビルを小さくしろと言う人も、窓口に詰めかけた。でも市役所が出せる結論は一つだけである。誰かを満足させれば、誰かを不満にさせてしまうのだ。

自然選択は、この市役所のようなものだ。もしも有益な突然変異が起きても、たまたま同じ個体にすごく有害な突然変異も起きたら、その有益な突然変異は個体もろとも消えてしまうだろう。突然変異が起きても、自然選択はそれを見つけないかもしれない。たとえ見つけても、自然選択はあまり働かないかもしれないのだ。

風が吹けば飛んでしまう

子供のころに紙相撲に凝ったことがある。紙を切り抜いて力士を作り、お菓子の箱の上に土俵を作った。土俵の上で二人の力士を組ませ、箱を指で叩いて闘わせるのだ。紙相撲といえども、いろいろな力士がいた。寄りが得意な力士もいれば、投げが得意な力士もいた。強い力士もいれば、弱い力士もいた。とても強くて何十連勝もする力士もいた。紙相撲といえどもなかなか奥が深く、はまる人がいるのも無理はないのである。

ある日天気が良かったので、部屋から出てベランダで紙相撲をしてみた。最初のうちはよかったのだが、だんだん風が強くなってきた。紙でできた力士は軽いので、風の影響をもろに受けた。部屋の中では圧倒的に強い横綱も、風にはまったく敵わなかった。弱い力士と対戦していても、弱い力士の方から風が吹けば、横綱は後ろ向きに倒れて弱い力士が勝ってしまう。風が強くなればなるほど、勝負と力士の強さは関係なくなっていく。これでは紙相撲をすることは不可能だ。この風が、進化における遺伝的浮動に当たる。

突然変異が起きても、自然選択はそれを見つけられないかもしれない。たとえ見つけても、自然選択はあまり働かないかもしれない。そして自然選択がきちんと働いても、それより強い風が吹けば、自然選択など吹っ飛んでしまうのだ。

遺伝的浮動が強くなるケースは、いくつかある。たとえば集団が小さいときだ。個体数が少なければ、有害な遺伝子が集団全体に広がったり、反対に有益な遺伝子が集団からなくなったりすることがよく起きる。また個体数は多くても、その中で集団が分散・孤立していれば、やはり遺伝的浮動は強くなる。さらに自然選択は、どちらかというと生物の形態に作用することが多く、タンパク質やDNAなどの分子に作用することは（あるけれど形態よりは）少ない。いろいろと考えてみると、**自然選択による進化より遺伝的浮動による進化の方が多くても、おかしくはないようだ。**

分子の進化速度は一定か

中立説におけるもっとも有名な方程式は、$k=v$である。見てわかる通り、これ以上簡単な方程式はない。科学においては簡単な結果ほど素晴らしいので、その意味でこれほど素晴らしい結果はないと言える。kは中立な突然変異が集団に固定する世代あたりの割合で、簡単にいえば進化速度だ。vは中立な突然変異が起きる配偶子（卵や精子）1世代あたりの割合で、簡単にいえば突然変異率だ。つまり中立な突然変異に関しては、進化速度は突然変異率に等しいのだ。したがって、もしも突然変異が全て中立で、かつ突然変異率が一定ならば、進化速度は一定になる。もしも、DNAやタンパク質の進化速度が一定ならば、DNAの塩基やタンパク質のアミノ酸がどのくらい変化したかを調べれば、どのくらい時間が経ったのかを見積もることができる。つまりDNAやタンパク質を時計として使えることになる。このような、DNAやタンパク質の進化速度の一定性を「分子時計」と呼ぶ。ただし、この二つの仮定（突然変異が全て中立で、突然変異率が一定）が完全に成り立つケースは、ほとんどないと考えられる。

突然変異を単純化して三つに分けてみる。有益な突然変異と、中立な突然変異と、有害な突然変異だ。すでに生物の体はかなりうまくできているので、突然変異が起きたからといって、それ以上よくなることはほとんどない。したがって、有益な突然変異はほとんど起こらない。

一方、有害な突然変異はしばしば起きる。しかし、そういう突然変異が起きた個体は、生きていくにも子孫を残すにも不利なので、たいてい集団から消えていく。したがって、有害な突然変異はほとんど残らない。

そのため、子孫に残るような突然変異としては中立なものが多くなる。中立な突然変異には自然選択は働かないが、遺伝的浮動は働く。そこで、**分子レベルの進化的変化の大部分は、自然選択に中立またはほぼ中立な突然変異となるのである。**この議論は基本的には正しい。しかし、単純化しているので、現実にぴったり合っているわけではない。それを説明する例を二つ紹介しよう。

まず、中立と思われる突然変異について考えてみよう。ＤＮＡの塩基が一つ置き換わる（置換される）と、作られるタンパク質のアミノ酸が変化する場合を非同義置換といい、アミノ酸が変化しない場合を同義置換という。同義置換の場合は、実際に作られるタンパク質には変化がない。したがって突然変異が同義置換の場合は、完全に中立な変化のような気がする。

ＤＮＡからＲＮＡを介してタンパク質が作られるときには、ＤＮＡの三つの塩基がタンパク質の一つのアミノ酸に対応する。たとえば、三つの塩基ＡＧＴとＡＧＣには、両方ともセリンというアミノ酸が対応している。だから、ＡＧＴの最後のＴがＣに変化しても、対応するアミノ酸が変わらないので、作られるタンパク質に変化はない。

ところが、よく考えてみると、ＡＧＴやＡＧＣとセリンを結び付けているのはトランスファーＲＮＡである。もし、ＡＧＴとセリンを結びつけるトランスファーＲＮＡはたくさんあるが、ＡＧＣとセリンを結びつけるトランスファーＲＮＡが少なければ、このＴからＣへの変化によって、タンパク質の合成速度は下がってしまう。したがって、一見中立に見える同義置換でも完全に中立ではないだろう。つまり完全に中立な突然変異はほとんどないということだ（もちろん木村はこういった事情も理解していたので、「中立あるいはほぼ中立」という言い方をよくしている）。

次に有益な突然変異について考えてみよう。外から侵入してきたバクテリアなどを撃退するために、私たちは抗体というタンパク質を持っている。バクテリアはタンパク質分解酵素で、この抗体のヒンジ領域という部分を攻撃してくる。このヒンジ領域のアミノ酸配列を変化させると、バクテリアはこの部分を認識できなくなり攻撃が止まる。だがしばらくすると、バクテリアの方も進化して、再びヒンジ領域を認識できるようになり、攻撃が再開される。その後、また抗体のアミノ酸配列を変えると、またバクテリアの攻撃が止まる。こういう追いかけっこのような進化が、抗体とバクテリアの間で起きていると考えられている。私たちにとっては、どのようにアミノ酸が変化しても、変化しないよりは有益なのである。この場合は例外的に、中立や有害な突然変異よりも、有益な突然変異が多いことが知られている。ちなみに抗体のヒンジ領域では、同義置換よりも非同義置換の方が多いことが観察されている。

分子時計が一定であるためには、突然変異がすべて中立で、突然変異率が一定であることが必要だ。確かに分子レベルの進化的変化では、中立な突然変異が多いかもしれない。しかし上記の二つの例からわかるように、突然変異が完全に中立ということはほとんどなさそうだし、場合によっては中立より有益な突然変異が多いこともある。それに突然変異率だって、いつも一定というわけではないだろう。したがって分子時計の一定性の条件は、かなり大ざっぱにしか満たされていない。だから、ＤＮＡやタンパク質の進化速度は、時計と呼べるほど正確なものではない。しかし、それをわかったうえで、進化における大ざっぱな時間の目安として使うなら、分子時計は役に立つ手法である。

自然選択と遺伝的浮動は、進化という車の両輪である。何と言っても生物の構造や機能は素晴らしい。たとえば、空を飛ぶ翼は感嘆すべきものだが、それを作れるのは自然選択だけである。しかし一方で、自然選択では説明できないこともたくさんある。**生物は自然選択よりも遺伝的浮動によって進化する場合が多いのだ。偶然も重要なのだ。**

生物の進化には、いつも必然と偶然が作用している。たとえば、私たちの脳が大きくなったのは、ある環境のもとでは必然だったのかもしれない。しかし一方で、それが起きたのが人類の系統であって、チンパンジーの系統でなかったのは偶然だったのかもしれない。

第12章　今西進化論

ダーウィンとは異なる進化論？

「生物は自然選択によって、環境に適応するように進化する。しかし生物は、自ら環境を変えたり、同じ環境の中で生活のしかたを変えたりすることによっても、進化する。つまり生物は、自ら進化の方向を変えることができるのだ」

上の文章には間違いが一つあると、私は思う。どこが間違いかは、この章の最後で述べることにして、先へ進もう。

今西進化論という進化についての考え方がある。今西錦司（きんじ）（1902〜1992）という日本の生態学者が提唱したもので、ダーウィンとは異なる進化論というイメージがあるせいか、今でも一定の人気がある。私も高校生のころに、かなり熱心に今西の著作を読んだことがあり、名前を聞くと少し懐かしい気分になる。今西進化論は科学的な理論というよりは思想というべきものかもしれないし、書かれた時期によって内容もかなり変化している。したがって、今西の考えた進化というものを、具体的に描き出すことはなかなか難しい。とはいえ、時期にかかわらずほぼ一貫していた主張もあるし、進化のメカニズムにもしばしば言及している。そのため著作を読めば、今西が考えていた進化というものを、おぼろげに描き出すことはできる。そこで、できるかぎり具体的に、その内容を紹介してみよう。

今西はびっくりするほど強烈に、ダーウィンの自然選択説を否定する。たとえば、現在では否定されている進化仮説の一つに、定向進化説がある。今西は定向進化説そのものには好意的である。しかし、定向進化論者が行った自然選択説に対する批判について、今西は以下のように言う。

「〈定向進化論者たちはどの程度まで〉ダーウィンの自然淘汰（＝自然選択）説に嚙みつき、そのとどめを刺そうとしているのだろうか。

ところが私にいわせると、ここのところがどの定向進化論者をとっても、歯がゆいほど手ぬるいのである。〈中略〉自然淘汰（＝自然選択）説の否定ということさえ、（定向進化説の主張の）やはりお添えものであり、一つのバイプロダクト（副産物）と見なされていたのでないか、という疑いがおこってくる。〈中略〉なんともとんちんかんで、呑舟の大魚を目のまえに見ながら、むざむざ見逃がしているような気がしないでもない」（『主体性の進化論』１９８０年、括弧内は筆者）

定向進化論者にとって一番重要なことは、定向進化説を主張することであって、自然選択説を否定することではない。あくまで「定向進化説の主張」が「主」で、「自然選択説の否定」は「従」なのだ。ところが今西には、それが不満らしい。「定向進化説の主張」が「従」で、「自然選択の否定」が「主」であるべきだと思っているようだ。

おそらく今西にとっては、自然選択説を否定することが何よりも重要なことなのだろう。今西の主張は時期によってかなり変化するが、この「自然選択説の否定」に関しては、常に一貫していて決してぶれない。このような自然選択説に対する強烈な拒絶には、自然科学とは直接関係ない思想的あるいは社会的な背景があるのかもしれない。しかし、ここでは自然科学的な面に絞って、今西の主張を見ていくことにしよう。

自然選択説の否定

第1章でも述べたが、自然選択の仕組みは以下のように表せる。

（1）同種の個体間に遺伝的変異（子に遺伝する変異）がある。

（2）生物は過剰繁殖をする（実際に生殖年齢まで生きる個体数より多くの子を産む）。

（3）生殖年齢までより多く生き残った子がもつ変異が、より多く残る。

このなかで今西が批判しているのは、（1）と（3）である。さて、（1）の批判について検討する前に、自然選択について少し確認しておこう。

太った人と中肉の人と痩せた人がいるとする。まず、これらの体形が、完全に遺伝する（遺伝率が100パーセントである）場合を考える。この場合は、太った親からは必ず太った子供が生まれ、中肉の親からは必ず中肉の子供が生まれ、痩せた親からは必ず痩せた子供が生まれる。次に、体形が完全に環境に左右される（遺伝率が0パーセントである）場合を考える。この場合は、太った親から太った子供が生まれるといった傾向はない。太った親から、太った子供も生まれるが、中肉の子供も痩せた子供も生まれるのだ。中肉の親や痩せた親も同様である。実際には形質の遺伝率はさまざまで、0と100のあいだの色々な値を取ることが知られている。しかし、今西は以下のように言う。

「よく走るシマウマとよく走れぬシマウマといっても、それが同種の個体のあいだにみられる単なる変異にすぎないならば、淘汰作用（自然選択）ははたらかないということ、すなわち、よく走るシマウマの子孫からでも、その程度のよく走れぬシマウマなら出てくる可能性があるであろうし、逆によく走れぬシマウマの子孫からでも、その程度のよく走るシマウマなら出てくる可能性のあることが、明らかになった。これは〈中略〉、同種の個体というものは、その中からどの個体を犠牲にしようとも、そのために種そのものにまで変化の及ぶようなことがあってはならない、という要請からいえば、当然の帰結である」（「正統派進化論への反逆」1964年、括弧内は筆者）

この文章では、「走るのが速いシマウマの子供は、必ず走るのが速いわけではなく、中には走るのが遅い子供もいる」ことが述べられている。実際、遺伝率が１００パーセントの形質はほとんどない。遺伝率を測定した多くの研究では、30パーセントとか80パーセントとか、たいてい０パーセントと１００パーセントの間の値が報告されている。シマウマの走る速さの遺伝率も、70パーセントとかそんな値だろう（この値は私が適当に書いただけで根拠はないけれど）。

ところが今西は、中間の遺伝率を認めない。遺伝率が１００パーセントでないなら０パーセントだと考えているようだ。つまり、シマウマの走る速さの遺伝率は、０パーセントということだ。これは事実に反するけれど、それでも今西の考えは理解できる。変異が遺伝しないなら、自然選択は働かない。だから自然選択説を否定しているのだろう。

しかし、自然選択にはいくつかのタイプがある。主なものは方向性選択と安定化選択（23ページの【図１－２】）だ。安定化選択はダーウィン以前から知られていた。ダーウィンが発見したのは方向性選択である。今西は方向性選択を否定するが、安定化選択は否定しない。

「病弱なもの傷つけるものが生活を全うしえないことまで（自然選択に）含めるのであったならば、それを否定しようというものもなかろう」（「生物の世界」１９４０年、括弧内は筆者）

しかし、変異が遺伝しないなら、方向性選択だけでなく安定化選択も働かないはずである。ここはつじつまが合わないが、さらに妙なことに、今西は種が変化するときには変異も遺伝すると考えていたようだ。変異が遺伝するなら自然選択が働いてしまいそうだが、そうではないらしい。

ここで、自然選択がはたらくケースを確認しよう。たとえば首の長さが普通のキリンに、変異が起きたとしよう。その結果、首が普通のキリンに加えて、首の長いキリンや短いキリンも現れた。長い首の方が有利な場合は、首の短いキリンは減り、首の長いキリンが増えていく。これが自然選択だ。

一方、今西の考えはこうだ。たとえば、ある時期がきたら数世代のあいだに、首の長さが普通のキリンすべてに、首が長くなる変異が起きる。そして、みんな首の長いキリンになるというのだ。さらに、この変異は遺伝すると考える。つまり、首の長い親からは、首の長い子供が産まれるのだ。これなら自然選択なんか働かなくても、首は長くなる。なぜ、すべての個体に突然同じ変異が起きるのか、なぜ今まで遺伝しなかった変異が突然遺伝するようになるのか、それらについては説明がないので分からないが、とにかく今西の考えた進化の仕組みは、こういうものらしい。

「はじめから変異は主体（生物）の方向性に導かれている。したがってそこには、自然淘汰（＝自然選択）がその辣腕を振うべき余地が、ないということになりはしなかろうか。〈中略〉種自身が変わってゆく場合には、早く変異をとげた個体はいわば先覚者であり、要するに早熟であったというだけで、遅かれ早かれ他の個体も変異するのである」(「生物の世界」、括弧内は筆者)

今西が進化について自説を展開している時代には、トーマス・ハント・モーガン(1866~1945)などによる実験遺伝学が、すでに確固たる地位を築いていた。特にショウジョウバエにおける突然変異の実験は、進化の研究にも大きな影響を与えていた。今西は、その突然変異についても、基本的には先ほどと同じ見解を表明している。

「(生物が進化するときには)比較的短時間のあいだにある変化を遂げるため、方向性のある突然変異が、継続的におこるのでなければ、間に合わないはずである。〈中略〉必要が生じたときには、生物のほうで、突然変異のレパートリーの中から、これぞという切り札を出すことによって、危機を乗りきろうとする。〈中略〉どの個体もが同一の突然変異を現わすのでなければならない」(「正統派進化論への反逆」、括弧内は筆者)

ところがその後、なぜか今西は突然変異を認めなくなる。

「進化を、突然変異と自然淘汰(=自然選択)という、ありもしないことをまことしやかに考え

る実験遺伝学にまかせることは、〈中略〉浅はかなことである」（『進化とはなにか』、1974年、括弧内は筆者）

それから再び今西は、突然変異を認めるようになるが、それが進化に関わることは認めなかった。

「これ（ショウジョウバエの突然変異体）を見て、これらはみな正常なショウジョウバエの個体に、なりそこなった『かたわもの』ばかりじゃないか、こんなものから〈中略〉自然にみられる正常な亜種や種が、新たにつくりだされるなどとは、とうてい正気では考えられない、という印象をうけていたのである。〈中略〉生物の種は、みな、こうした『できそこない』や『かたわもの』に由来するということになって、なんとも不愉快な、受けいれにくい進化論になってしまう」（『主体性の進化論』、括弧内は筆者）

このように今西の主張はつぎつぎに変わるので、把握するのはなかなか難しい。それでは次に、（3）に対する批判について見てみよう。

通常の進化学では「子供が生殖年齢までより多く生き残る」ことに役立つ形質を、適応した形質という。今西は、この「適応」という概念に懐疑的だ。

「食糧の乏しいときには、一インチでも二インチでも背の高いキリンが、食物にありついて生きのこり、もう一頭の食物にありつけなかったほうのキリンは、生存競争の敗者となって、餓死してしまうというのであるが〈中略〉、こんなあほうなことが、はたして現実の自然のなかで、起こりうるだろうか。私の反論はいつでも、自然に密着したところから出発する。アフリカのサバンナでは、大きくて高いアカシヤのような木は〈中略〉、一本きりというのではないのである。そうとすれば、さっきの競争で敗れたキリンは、なにも餓死したりなどしなくても、動いていって、どこかで自分の背丈にあった木の葉を食えばよいのである」（『主体性の進化論』）

今西の主張に反して、自然選択が実際に作用することは、多くの研究で実証されている。「子供が生殖年齢になるまで、より多く生き残るような形質」つまり「適応した形質」は実際に存在し、それに自然選択が作用することは、実験室や野外における多くの研究で実証されているのである。したがって、適応という現象は実在すると考えられる。

ちなみに自然選択が作用するためには、生殖年齢まで生き残る子の数に少しでも差があれば十分であり、片方が餓死する必要はない。このように中間値を認めず、100パーセントでなければ0パーセントと解釈するのは、今西が好んで使う論理である。

ところで、今西は適応に懐疑的だから、自説の展開に適応を使っていないかというと、そうでもない。というか、かなり頻繁に使っている。

「この地上のもろもろの種社会は、どれもみな、その占めている生活の場においては、他の種社会よりも適応している」（『主体性の進化論』）

時間とともに意見が変わるだけでなく、一つの論説のなかで意見が変わることもある。このように今西の文章は（良く言えば）かなり自由なので、あまり細かく読んで論評するのは意味がないかもしれない。そこで、ここでは大きくとらえることにして、今西のほとんどの主張に共通する部分をまとめ、今西進化論における進化の姿を描き出してみよう。次の節「今西進化論のすがた」は、私（更科）が今西になったつもりで書いてみたものである。

今西進化論のすがた

京都の賀茂川における4種のヒラタカゲロウは、種ごとに棲み分けをしている。これは、川の流速のような環境によって棲み分けているように見える。たとえば、エペオラス・ウエノイというヒラタカゲロウは流れの速いところにいて、エクディオナラス・ヨシダエは流れの遅いところにいる。しかし天気などによって、流速は速くなったり遅くなったりする。もし流速だけで生息場所が決まっているなら、流速の変化によって生息場所も移動するはずである。しかし川全体の流速が速くなっても、エペオラス・ウエノイはエクディオナラス・ヨシダエが棲んでいた場所に移動することはない。流速が変化しても、4種のヒラタカゲロウは生息場所を変えずに棲み分けている。したがって棲み分けという現象は、環境だけで決まるものではなく、基本的には生物自身が決めているのである。

4種のヒラタカゲロウの分布は接しており、その境界には行き来を妨げる壁のようなものはない。したがって棲み分けを決めているのは、ヒラタカゲロウ自身の行動だ。もし、ヒラタカゲロウが個体ごとに勝手な行動をしていたら、棲み分けはできない。個体は種ごとにまとまり、その種と種が棲み分けているのである。したがって、個体は何らかの力で種に統制されており、種同士の境界は明確で、交雑はしない。ちなみに、種もまた生物全体によって統制されている。

同じ種社会に属するすべての個体は、種の規格に合った個体である。個体ごとに変異はあるが、それは規格の範囲に収まる変異なので、生存率に差はない（したがって、自然選択による進化というものはありえない）。このように通常は、種社会は変化しない。しかし変化するべきときがきたら、種社会は規格の外に出て、種の境界を越える、つまり進化をする。このときは、種社会に統制されながら、すべての個体が数世代のうちにいっせいに変化する。進化は個体レベルではなく、種レベルで起きるのである。進化を起こす原動力となるのは超越者のようなものではなく、生物の中と外の両方にある一定の方向へ向かっていく力である。

今西進化論に対する誤解

今西進化論の大筋は、だいたいこんな感じではないかと思う。もちろん今西進化論は正しくない。今のところ、種がそれぞれの個体に何らかの統制をしている証拠はないし、自然選択を完全に否定するのは論外だろう。また、今西進化論の中で一番大事であり、また一番奇妙でもあるのは、進化を起こす力である。今西が主張するのは、生物の中にも外にも存在する力である。具体的な説明はない。今西の主張には、つじつまの合わないところもたくさんあるので、それら全てを包み込むような力としては、こういう言い方しかできなかったのだろう。

では、どうして現在でも、今西進化論は一定の人気があるのだろう。おそらくそれは、今西進化論や自然選択説に対するキャッチフレーズのせいだと思う。ダーウィンが提唱した自然選択説は「競争の原理」で、今西進化論は「共存の原理」だと対比されることもある。あるいは、自然選択説は生物の主体性を認めないが、今西進化論は主体性を認めると言われることもある。そんなことを言われたら、今西進化論に賛成したくなってしまう。だって、あなただって、競争より共存の方が好きでしょう？　主体性があった方がいいでしょう？

しかし、自然選択の結果、共存している生物はたくさんいるし、後で述べるように、自然選択によって主体的と言える進化をする場合もある。とはいえ、そんなことはどうでもいいのだ。進化説で大事なことは、キャッチフレーズではない。その説を、好きか嫌いかでもない。

たとえば、私は死にたくない。だから「人はいつか死ぬ」という主張は認めたくない。そこで、私が「人は永遠に生きられる」という説を唱えたとしよう。そうすれば、きっとあなたも私の説に賛同してくれるだろう。だって「人はいつか死ぬ」なんて説よりも「人は永遠に生きられる」という説の方が、あなただって好きでしょう？　ところがしばらくすると、あなたは病気になった。そして医者に行くという。私は、怒り心頭に発した。医者なんて「人はいつか死ぬ」と思っている冷たい人間だ。それより、「人は永遠に生きられる」と主張する私のそばにいた方がいい。さて、あなたは、どうするだろうか。私の言葉を信じて、病気になっても医者に行かずに、人は死なないと信じ続けるか。あるいは、私を捨てて医者に行き、病気を治すか。

最近のことだが、私はたまたま「今西進化論はなかなか良い」という意見を雑誌で読んだ。その理由は、この章の最初の文章（１４４ページ）のようなものだった。たしかに生物は、自ら進化の方向を変えることがある。だから、こういう進化は、今西の考えた進化に近いと考えてしまったのだろう。

しかし、上記の文章は今西進化論とはまったく関係がない。私は、この文章に間違いが一つあると書いた。その間違いとは、２番目の文章の最初の接続詞だ。「しかし」が間違いだ。なぜなら、このような現象は、自然選択によって起きるからだ。

第2部　生物の歩んできた道

学校での授業が終わり、校舎の外に出ると、急に青空が広がって世界が変わる。とはいえ、授業を建物の中で聞くことも、日の当たる校庭を散策することも、学生生活の大切な一コマだ。

本書の第1部ではダーウィンの進化論を中心に、進化のメカニズムについて誤解されやすい話題を述べてきた。第2部では進化のプロセスについて、つまり生物が実際に歩んできた歴史について、誤解されやすい話題を述べたいと思う。進化のプロセスは、ダーウィンが提唱したように、生物が分岐進化によって多様化してきたプロセスだ。第1部は理論的な話が多くて、教室で授業を受けているような感じがしたかもしれない。第2部では気分を変えて、校庭を散策するように、生物の歩みを気楽に眺めていこう。

第13章　死ぬ生物と死なない生物

爬虫類の歯は老化しない

「いつか死ぬという事実に逆らって何になる。それは君の人生を苦くするだけだ」と言ったのは、かのドイツの文豪、ヨハン・ヴォルフガング・フォン・ゲーテ（1749～1832）であった。死ぬことが避けられない定めなら、いくら逆らっても仕方がない。それならその分のエネルギーを、よりよく生きることに使った方がよい。それはそのとおりだけれど、でも、死なない方法って本当にないのだろうか。

とりあえず、死ぬ前の段階として老化を考えてみよう。たとえば年を取ると、歯が抜けてなくなる。これも老化の一種である。死ぬのが避けられない定めなら、老化も避けられない定めなのだろう。そう思って諦めたくなる。でも考えてみれば、老化しない生物もいる。たとえば爬虫類は歯がなくならない。古い歯が取れても、次から次へと新しい歯が生えてくる。だからトカゲやワニは、年を取っても若々しい歯をしている。これなら虫歯になっても、生え変わるから大丈夫だ。うらやましいかぎりである。では、どうして哺乳類の歯は、何度も生え変わらないのだろうか。哺乳類の歯と爬虫類の歯は、どこが違うのだろうか。

ワニの口を見ると、歯がたくさん並んでいる。数はたくさんあるが、みんな同じ形をしている。こういう歯のことを、同歯という。つまり爬虫類は、同歯性の動物だ。

一方、哺乳類の歯はいろいろな形をしている。私たちの口を見ても、切歯（前歯）、犬歯（糸切り歯）、臼歯（奥歯）のように、形が違う歯が生えている。こういう歯のことを、異歯という。異歯性は、哺乳類の特徴の一つである。

また、ワニは口を閉じても、上の歯と下の歯が交互になっているので、歯と歯が嚙み合わない。あくまで獲物を捕まえるための歯だ。私たちのように、食べ物を口のなかに入れてから、よく嚙んだりしない。爬虫類は、獲物を丸呑みするのである。

一方、私たちは食べたものをよく嚙む、つまり咀嚼する。このためには、歯と歯がうまく嚙み合わなくてはいけない。虫歯になって歯医者に行くと、歯にかぶせ物をすることがある。そのとき、上の歯と下の歯がうまく嚙み合うように、調整してもらった人も多いだろう。歯の嚙み合わせというのはかなり微妙なもので、細かい調整が必要なのだ。

このように哺乳類の歯は複雑だ。爬虫類のように獲物を捕まえるための牙（犬歯）だけでなく、肉を嚙み切ったりする切歯やすり潰したりする臼歯が加わったのだ。このような歯によって食物をたくみに処理できるようになったことは、哺乳類が進化的に成功してきた理由の一つだろう。だが、複雑なものは何度も作ることが難しい。だから哺乳類の歯は、爬虫類のように何回も生え変わることはできない。基本はヒトのように、乳歯から永久歯に1回だけ生え変わるタイプだ。なかにはネズミのように、歯が1度も生え変わらずに一生同じ歯を使うものさえいる。

ゾウの歯は5回生え変わると言われるが、本当はヒトと同じように乳歯から永久歯に1回生え変わるだけだ。ゾウの長い牙は切歯が変化したもので、これは生え変わらずに一生伸び続ける（ネズミの切歯と同じだ）。一方、ゾウの口の中には、歯が上下左右に1本ずつ、計4本しかない。これらは臼歯である。ゾウの乳歯は全部で12本あるのだが、成長する時期がずれているので、1度に4本ずつしか口の中に現れない。新しい乳歯ができると、古い乳歯は前に押し出されて抜け落ちる。永久歯も同じで、全部で12本あり、4本ずつ成長して口の中で使われる。したがって、ゾウには合計で24本の臼歯があり、4本ずつ使われるので、5回生え変わるように見えるのである。

ところで昔の爬虫類には、複雑な歯をもつものもいた。白亜紀（1億4500万年前～6600万年前）末あるいは古第三紀（6600万年前～2300万年前）初期に生きていたテイウス科のトカゲの後ろの方の歯は臼歯のような形をしており、ちゃんと上下の歯が嚙み合うようになっていた。その代わり、何度も生え変わるという能力はなくなっていたようだ。おそらく普通の哺乳類と同じように、乳歯が抜けたあとに生えてきた歯を一生使っていたらしい。複雑なものは何回も作れないというのは、哺乳類だけでなく爬虫類にも当てはまる、一般的な規則のようだ。

このように哺乳類の歯は、生え変わる能力を失った代わりに、複雑な形になることができた。**若いときに上手く噛むための代償として、年を取ると歯がなくなってしまうわけだ。**

子供をたくさん残すためには、年をとってから上手く噛める歯より、若いときに上手く噛める歯の方が重要だ。そのため、若いときも年を取ってからも、そこそこ上手く噛める歯より、たとえ年を取ると抜けてしまっても、若いときに非常に上手く噛める歯が、哺乳類では自然選択によって増えたのだろう。

難しいことを考えるために老化する

私たちは多細胞生物だけれど、最初はみんな単細胞生物だった。受精卵というただ一つの細胞から人生は始まるからだ。それから細胞分裂が始まって、20年ぐらい経つと、数十兆個もの細胞からなる一人の人間に成長する。この数十兆個の細胞は２６０種類ぐらいに分類されるが、なかにはずいぶん変わった細胞もある。

変わった細胞の一つは神経細胞だ（【図13－1】）。なんとなくヒトデのような細胞体から細長い樹状突起が出ている。そのうちの一つか二つはとても長くのびていて、軸索と呼ばれる。細胞には丸いものや楕円形のものが多いのだが、神経細胞は変な形をした特殊化した細胞なのだ。このように特殊化した理由は、難しい仕事をこなすためだ。神経細胞は電気や化学物質を使って、情報を的確に伝えることができるスペシャリストだ。でも、スペシャリストになるために失ったものがある。それは細胞分裂をする能力だ。丸い細胞が分裂して、二つの丸い細胞になることは、それほど難しくはない（もちろん細胞分裂には、実に精妙なメカニズムが必要だ。難しくないというのはあくまで相対的な意味である）。しかし神経細胞のような複雑な形の細胞になってしまうと、分裂して同じ形のものを二つ作ることは難しいのだろう。

　さらに複雑なものとしては、脳がある。脳は神経細胞の集合体だが、非常に複雑な構造をしている。一部の例外を除いて、脳の神経細胞は分裂しない。逆にいえば、分裂しない細胞で作られているからこそ、脳はここまで複雑な構造になれたのだろう。いつも分裂している細胞で、精確に調整された複雑な構造を作ったら、その構造は細胞が増えることによって、すぐに壊れてしまう。いつも分裂している細胞で作られた脳より、分裂しない細胞で作られた脳の方が、ずっと複雑になれて、はるかに精密な機能を果たせるのだ。

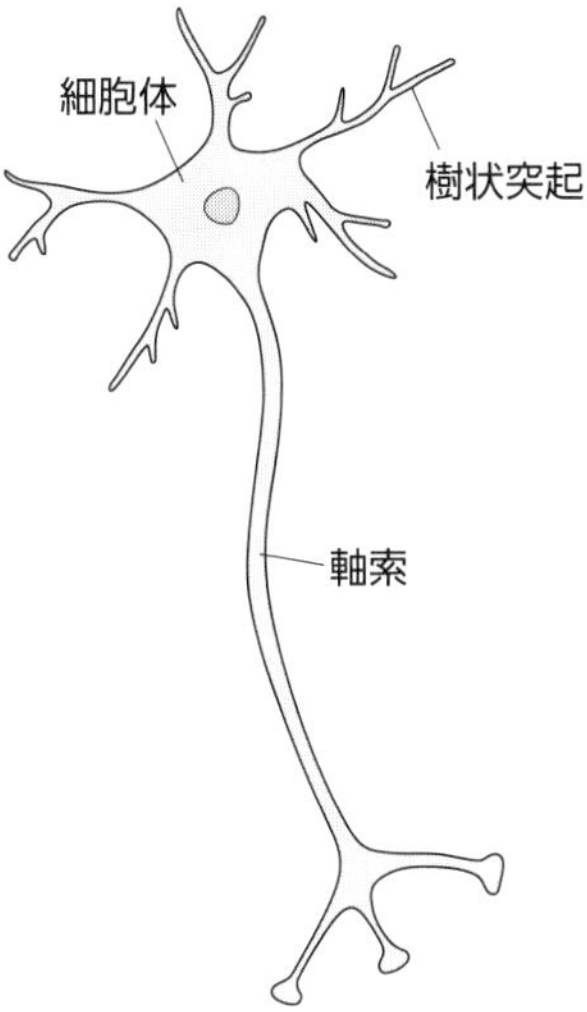

細胞体
樹状突起
軸索

【図 13-1】神経細胞は非常に特殊化した細胞である。図／WADE

　つまり、**若い時に素晴らしいことを考えるために、年を取ると認知能力が下がってしまうのだ。**若いときにも年を取ってからも、そこそこ考えられる脳よりも、たとえ年を取ると認知能力が落ちてしまっても、若いときには素晴らしいことを考えられる脳の方が、自然選択によって増えてきたのだ。

単細胞生物は死なない

神経細胞はほとんど分裂しないが、その一方で、無限に分裂する細胞もある。それは生殖細胞だ。もし生殖細胞の分裂回数が決まっていたら、私たちの子孫は途中で途切れてしまう。無限に分裂する能力があるからこそ、チャンスさえあれば、私たちの子孫は永遠に続いていく可能性があるのだ。

基本的に命というものは、永遠に続くものである。神経細胞は変わり者で、生殖細胞が普通なのだ。たとえば細菌の1種である大腸菌は、細胞分裂をしながら生きている。地球の生命が誕生したのが約40億年前だとすれば、大腸菌は40億年ものあいだ細胞分裂をしながら生きてきたことになる。ただの1度も途切れることなく、40億年間も細胞分裂を続けるなんて、まさに永遠の命だ。もちろん環境が悪くなれば、大腸菌だって死ぬことはある。でも少なくとも、永遠に生きられる可能性はあるのだ。

それでは、どうしてヒトは死ぬのだろうか。それは、ヒトが多細胞生物だからだ。**必ず死ぬのは、多細胞生物だけなのだ。**多細胞生物とは、単に「細胞がたくさん集まった生物」ではない。そういうものは群体といい、同種の単細胞生物がたくさん集まったものだ。その証拠に、群体を作っているどの単細胞生物も、永遠に分裂を続けていく能力を持っている。

だが多細胞生物は、そうではない。多細胞生物は、単細胞生物にはないものを持っている。それは使い捨ての体細胞だ。多細胞生物では、生殖細胞以外の細胞を体細胞という（上述した神経細胞も体細胞に含まれる）。たとえば、私の手は体細胞でできているので、私が死んだらそれでおしまいだ。手の細胞を、子供に伝えることはできない。私の手は、使い捨てなのだ。だが、使い捨てにもよいことがある。それは分裂能力が低くなっても、いや分裂能力を完全に失ってもかまわないということだ。分裂能力なんか気にせずに、いろいろな形になれるのだ。だからよりよく働く細胞になれるのだ。

もっとも、私の体のすべてが、使い捨てというわけではない。それでは子孫が残せない。その使い捨てでない細胞が、生殖細胞だ。もちろん実際に子供になるのは、生殖細胞の中のほんの一部に過ぎない。それでも全ての生殖細胞には、少なくとも子孫に伝えられる可能性はあるのだ。そこが、手などを作っている体細胞との違いである。まとめると、次のようになる。

単細胞生物＝永遠に分裂する細胞
多細胞生物＝永遠に分裂する細胞（生殖細胞）＋使い捨ての細胞（体細胞）

多細胞生物が死ぬのは、使い捨ての細胞（体細胞）が死ぬからだ。でも、あなたが死んでも、もしかしたら生殖細胞は、子供や孫の姿になって生きているかもしれない。そういう意味では、私たちも永遠の命を持つ可能性はあるのである。

複雑なものは死ぬ運命

たしかに私たちにも、永遠の命をもつ可能性がある。でも、なかなかそんな気分にはなれない。それは、死んだら意識がなくなってしまうからだろう。

おそらく、多くの人にとって死ぬのがイヤなのは、意識が消えてしまうのがイヤだからだ。たとえ細胞がいくつか生き残っていても、意識が消えてしまえば、死んだも同然というわけだ。でも、それは仕方がない。意識は複雑な脳が生み出したものだから、それは1回かぎりのものだ。なぜなら脳という複雑な構造自体が、1回かぎりのものだからである。

歯にしても、神経細胞にしても、脳にしても、複雑になるためには、再現性を犠牲にしなければならなかった。そして、永遠を諦めなくてはならなかった。きっと、何も考えずに生きていくだけなら、永遠の命を手に入れられる。しかし、**意識をもってよりよく生きていくためには、死を受け入れなければならない**。なんだか悪魔との契約みたいだけれど、それが避けられない事実なのだ。やっぱりゲーテの格言には、従う価値があるようである。

第14章　肺は水中で進化した

鰓(えら)で呼吸する陸上生物はいない

「思いやりは想像力だ」と言われる。自分が相手の立場になった場合を想像できなければ、思いやりは生まれてこないということだ。

私たちは、生まれてからずっと陸上で暮らしている。だから、水中で暮らしている魚の気持ちがわからない。実は、陸上は恵まれた環境で、水中は過酷な環境だ。だから、魚は大変な苦労をしているのに、私たちには、それを気にかける思いやりがないようだ。この章では、そんな魚たちの苦労について、考えてみよう。

生命は海で生まれた。私たち脊椎動物も海で生まれた。最初の脊椎動物は魚類であった。それらは、鰓で水中の酸素を取り込んで呼吸をしていた。

そんな魚類の一部が陸上に進出した。それはデボン紀後期、およそ3億6500万年前のことであった。この上陸した脊椎動物には肢が4本あったので、四肢動物と呼ばれる。現在の地球にいる四肢動物は、両生類と爬虫類と鳥類と哺乳類に分類されるが、最初に上陸したのは両生類の仲間であった。

今も生きている両生類の一つに、カエルがいる。カエルの子供はオタマジャクシで、水中に住んでいる。そして鰓で呼吸をしている。しばらくすると肢が4本生えてきて、いわゆるカエルになる。カエルになると、もはや鰓は消失しており、肺で空気呼吸をするようになる。

もっともカエルは、四肢動物のなかでは肺が発達していない方なので、かなりの割合を皮膚呼吸に頼っている。また、カエルと同じ両生類であるサンショウウオのなかには、皮膚呼吸だけで十分に酸素を取り入れられるため、肺が退化してなくなってしまったものさえいる（ハコネサンショウウオなど）。とはいえ、これらは四肢動物全体から見れば例外で、ほとんどの四肢動物は主に肺で空気呼吸をしている。

つまり、水中にいるものは鰓で呼吸し、陸上にいるものは肺で呼吸しているわけだ。あたりまえのような気がするけれど、これにも例外がある。クジラやイルカは水中に住んでいるのに、肺で空気呼吸をしている。だから、ときどきは水面に上がってきて空気呼吸をしなければならない。中生代（約2億5200万年前〜6600万年前）に生きていた首長竜や魚竜も水中に住んでいたのに、やはり肺で空気呼吸をしていたと考えられている。陸上にはまったく上がらず、完全に水中で生活をしているのに、肺で呼吸している生物は結構いるのだ。

ところが、なぜか逆は見当たらない。私たちの周りで、陸上に住んでいるのに鰓で呼吸をしている生物はいない。普段は草原を駆け回っているが、ときどき顔を池か川に突っ込んで鰓呼吸する。そういう生物は、どうしていないのだろうか。

水中で呼吸するのは大変

水中にも酸素はある。しかし、空気中に比べるとかなり少ない。1リットルの水や空気に含まれる酸素を重さで比べると、水中の酸素はもっとも多いときでも、空気中の酸素の約36分の1しかない（25℃の場合）。しかも水は空気よりずっと重いので、水全体における酸素の割合は非常に少なく、取り出すのに苦労する。やはり重さで比べると、酸素は空気全体の約23パーセントもあるが、水中では水全体の0・0008パーセントしかないのだ。

しかも、水中の酸素は少ないだけでなく、量も不安定だ。空気中の酸素は昼でも夜でも夏でも冬でも約21パーセント（体積で比べた場合）で変わらない（正確にいえば、空気中の酸素は昼と夏に多く、夜と冬に少ないが、それはわずかな差である）。しかし水中の酸素は数時間のあいだに10倍ぐらい変化することも珍しくない。私たちは陸上に住んでいるので、テレビで天気予報は見るけれど、酸素予報は見ない（そもそも放送していない）。でも、もし水中に住んでいたら、きっと酸素予報を毎朝見てから仕事や学校などに出かけていることだろう。酸素の少ない時間帯や少ない場所を避けないと、仕事や勉強ができないだけでなく、命にかかわるからだ。

さらに、水は空気の約９００倍の重さがあるので、なかなか移動しにくい。空気なら軽いので、風が吹いたりして簡単に移動できる。だから、空気はよくかき混ぜられていて、場所によって酸素が多かったり少なかったりすることは、ほとんどない。しかし、水中では酸素の量にバラツキが生じやすく、すぐに酸欠状態が起きる。ある場所で酸素を使ってしまうと、他の場所からなかなか酸素が流れて来ないのだ。朝のラッシュ時には満員電車が走っているが、これは陸上でなければありえない光景だ。もしも水中を電車が走っていて、中に満員の魚が乗っていたら、電車の中は酸素がなくなって、みんな酸欠になってしまうだろう。

水が重いということは、呼吸するのに多くのエネルギーが必要だ、ということでもある。酸素を含んだ重たい水を、次々に鰓まで運んでこなければならないからだ。たいていの魚は、口から水を入れて、体の横にある鰓裂（さいれつ）という穴から水を出す。その途中で、鰓の毛細血管と水のあいだで、酸素のやりとりが行われる。ポンプのような構造で水を無理やり流すヌタウナギのような魚（顎（あご）がない無顎類（むがくるい）の一種）もいるし、前に泳ぎ続けることによって口から鰓裂まで体の中に水を通す、マグロのような魚もいる。せっかくエネルギーを使って泳ぐのだから、そのエネルギーを呼吸にも使おうというのが、マグロの生き方だ。でも逆にいえば、マグロは泳いでいないと呼吸ができないのだ。もしも私たちが、呼吸するために走り続けなくてはならなかったら、大変だ。立ち止まったら、息が苦しくなって死んでしまうのだから。水の中に住んでいる魚たちは、私たちが考えもしないような苦労をしながら、生きているのである。

魚たちの苦労が分かれば、鰓で呼吸する陸上動物がいない理由も予想がつく。まずはイルカのような、肺で呼吸する水生動物を考えてみよう。イルカの周りには空気よりも水が多い。でも、酸素は水中よりも空気中の方が多い。したがって、酸素の少ない水を多く利用する魚と、酸素が多い空気を少し利用するイルカは、互角に渡り合うことができるのだ。

それでは、もし鰓で呼吸する陸上動物がいたら、どうだろう。肺で呼吸する陸上動物は、酸素が多い空気を多く利用する。一方、鰓で呼吸する陸上動物は、酸素が少ない水を少し利用する。これでは、互角に渡り合えるわけがない。取り込める酸素の量が、全然違うからである。だから、鰓で呼吸する陸上動物はいないのだ。

こう考えてくると、水中に住んでいる動物には、鰓だけでなく肺もあった方が便利な気がする。実は本当に、肺は水中にいる魚で進化したと考えられている。肺は陸上進出とは無関係に、水の中にいる魚が進化させたのだ。でも、なぜそんなことが分かるのだろうか。

肺は鰾より先に進化した

現生の魚類は大きく二つに分けられる。顎のない無顎類（ヤツメウナギやヌタウナギ）と、顎のある顎口類だ。顎口類はさらに二つに分けられる。軟骨魚類（サメやエイ）と硬骨魚類だ。そして硬骨魚類もまた二つに分けられる。肉鰭類と条鰭類である。

条鰭類の多くは鰾をもっている。中に入っている気体の量を増減して、体の比重を調節し、水

【図 14-1】ポリプテルス類の 1 種。アフリカに住む淡水魚で、背中にたくさんの背ビレがある。写真／Stan Shebs

の中で浮いたり沈んだりしやすくするのが鰾の主な役割である。この鰾は、元はといえば消化管の一部が膨らんで袋になったもので、実は肺と同じものである。

ダーウィンは鰾から肺が進化したと考えていた。当時はデータが少なかったので、そう考えたのも無理はない。しかし今日では、話は逆になって、肺から鰾が進化したと考えられるようになった。でも、どうしてそんなことが分かるのだろうか。

まず、現生の魚を順番に検討してみよう。無顎類と軟骨魚類には、肺も鰾もない。肉鰭類にはシーラカンスとハイギョが含まれるが、両方とも肺を持っている。シーラカンスの肺には、現在では脂肪が詰まっていて、肺としての役割は果たしていない。しかし以前は肺として機能していたので、これは肺としてよいだろう。条鰭類の中で最初に分岐したと考えられているポリプテルス類（【図14－1】）は肺を持っているが、その他の条鰭類はたいてい鰾を持っている。【図14－2】の系統樹から考えると、肺が初めて進

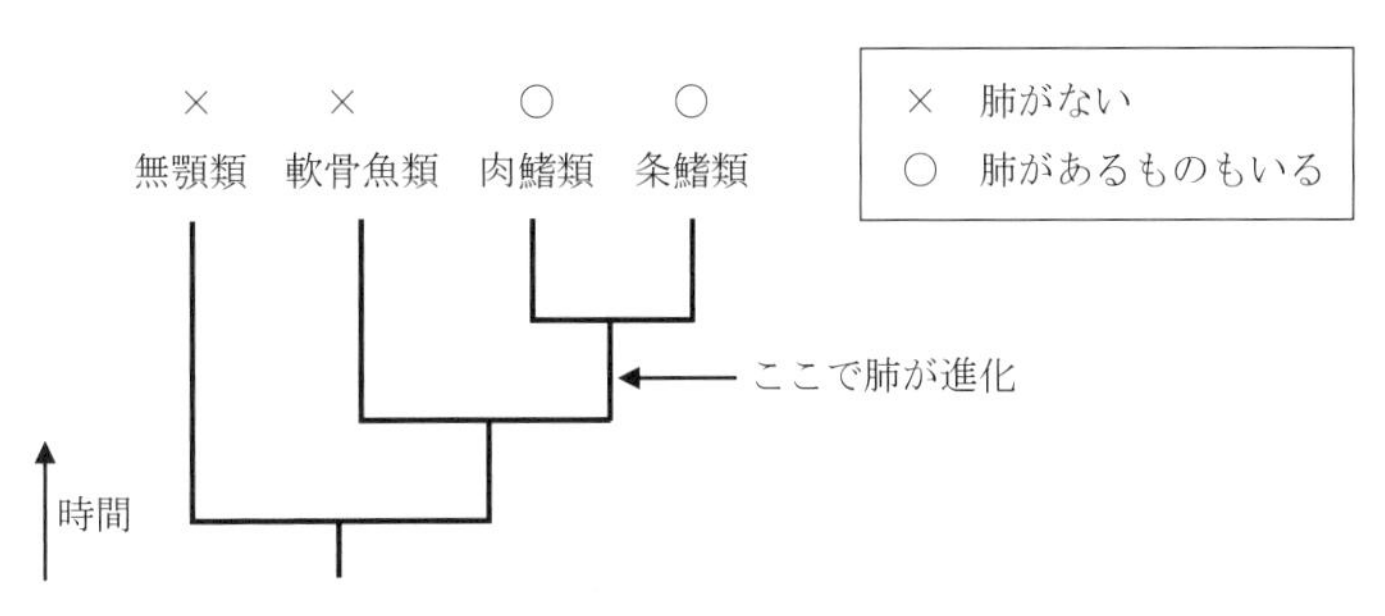

【図14-2】魚類の系統樹。肺は肉鰭類と条鰭類の共通祖先で進化した。

化したのは硬骨魚類の祖先と考えられる。それから条鰭類の一部で、肺が役割を変えて、鰾になったのだろう。

この考えが正しいことを確かめる方法の一つは、肉鰭類の肺とポリプテルス類の肺を比較することだ。もし両方とも共通祖先の肺から受け継がれたものなら、いろいろな特徴が共通しているはずだからである。そして、実際にいくつもの研究で、受精卵から肺が発生していくプロセスや、肺の形成にかかわる遺伝子などが共通していることが確認された。したがって、肺が硬骨魚類の共通祖先で進化したことは、確実だと考えられる。

肺が硬骨魚類の共通祖先で進化していたことは確かだが、もしかしたら肺の起源はもっと古いかもしれない。化石から考えると、デボン紀後期（3億8300万年前～3億5900万年前）に生息していたボスリオレピスは、とても繁栄した魚の一つで、世界中に生息していた（【図14-3】）。このボスリオレピスは、肺のような構造を持っていた可能性がある。ボスリオレピスは板皮類という グループに分類されるが、これは軟骨魚類に近縁なグループと考えられている。したがって、もしボスリオレピスが肺を持ってい

【図 14-3】頭から胸まで鎧のような骨で覆われていた淡水魚ボスリオレピス。全長は約 30 センチメートル。写真はその鎧の部分が化石として残ったものである。
写真／Lejean 2000

れば、肺の起源は軟骨魚類と硬骨魚類の共通祖先まで遡ることになる。しかし、現生の軟骨魚類からは肺があった証拠が見つからないので、ボスリオレピスが肺を持っていたことを疑う研究者もいる。ということで残念ながら、軟骨魚類に肺があったかどうかは、まだよく分からない。しかし、硬骨魚類の祖先の段階で、つまり四肢動物が陸上に進出するずっと前に、肺が進化していたことは確実である。

なぜ肺が進化したのか

肺は、具体的にはどんな状況で進化したのだろうか。脊椎動物が陸上に進出するには、肺だけでなく肢も必要である。そこで、脊椎動物が陸上進出した時点で、肺と肢はほぼ同時に進化したと、かつては考えられていた。肢が進化した約３億６５００万年前（次章参照）には、すでに川や池などの淡水にも魚が住んでいた。浅い川や池は酸欠になりやすいので、そのために肺が進化したと考えられていたのである。しかし肢が進化したのは、条鰭類と肉鰭類が分かれた後だ。分かれた後で、肢は肉鰭類の系統だけで進化したのである。一方、肺は、遅くとも条鰭類と肉鰭類が分かれる前には進化していた（一説では約４億２０００万年前）。肺が進化した時代と肢が進化した時代は、かなりずれているのだ。まず肺が進化し、それから肢が進化し、その後で脊椎動物の陸上進出が始まったのだ。ちなみに、すでに絶滅しているが、鰭の前の部分にトゲがある棘魚類という魚がいた。かつては軟骨魚類に含める意見もあったが、最近ではむしろ硬骨魚類に近縁で、肺を持っていたと考えられるようになった。もし、それが正しければ、肺の起源は棘魚類と硬骨魚類の共通祖先まで古くなる（一説では約４億３０００万年前）可能性もある。

　化石記録によれば、初期の硬骨魚類や棘魚類は遊泳性の魚で、沖合の海に住んでいたと考えられている。ということは、肺は外洋で進化した可能性が高い。しかし、川や池に比べれば、外洋は酸欠になることが少ない環境だ。どうしてそんなところで肺が進化したのだろう。

　外洋で肺が進化した理由について、心臓を研究している進化生物学者のコリーン・ファーマーはこんな説を提唱している。魚は心臓から血液を、鰓に送り出す。鰓で酸素を取り入れた血液は、全身を回って体中の細胞に酸素を届ける。そして再び心臓に戻ってくる。当然のことだが、心臓に戻ってくる頃には、もう血液に酸素は残っていない。だから心臓は酸素不足になる。これは困ったことである。なぜなら心臓は、とても激しく動き続ける器官なので、とても多くの酸素を必要とするからだ。速く泳げば泳ぐほど、事態は悪化する。マスなどの肺を持たない魚が、あまり速く泳ぎ過ぎると、数分で死んでしまうのはこのためだ。

　陸上に住んでいる私たちだって、全力疾走をしたあとは息が切れる。ハアハア、ゼイゼイと激しく呼吸をして、多くの酸素を体内に取り込もうとする。苦しいけれど、空気中には酸素がたくさんあるので、私たちは滅多に死ぬことはない。でも、空気中の酸素が今よりもずっと少なかったら、ハアハア、ゼイゼイと激しく呼吸をしても、酸素がほとんど体に入ってこない。その場合は、死んでしまうだろう。それが、魚の住んでいる水中の世界なのだ。

さらに肺の場合は、血液が流れる順番も違う。肺で酸素を取り入れた血液は、まず真っ先に心臓にいく（私たちヒトもそうだ）。それから他の細胞に酸素を届けるのである。したがって、アミアなどの肺をもつ魚が長距離を泳ぐときは、ときどき水面に上ってきて空気を吸い込む。肺があることによって、速く長く泳ぎ続けることができるのだ。したがって、酸欠になることが少ない外洋に住んでいても、肺があった方がよいというのが、ファーマーの説である。

ただし、この説には反論がある。肺があることによって、そんなに運動能力が上がるのなら、なぜ現在の地球には、肺のある魚より、肺のない魚（条鰭類の大部分）の方が、はるかに数が多いのだろうか。運動能力の優れた魚より、運動能力が劣った魚の方が繁栄しているなんて、おかしいではないか。

この反論に対する反論もある。魚が肺呼吸をするためには、水面に顔を出さなくてはならない。最初のころは、顔を出しても安全だったが、中生代（2億5200万年前〜6600万年前）になると、状況が変わった。翼竜や鳥が現れ、空中から魚を襲うようになったのだ。そこで多くの条鰭類は、肺を鰾に変えて、水中に潜り続けることで繁栄することができた。そういう反論である。

こういう説は、口で言っただけではあまり意味はない。証拠を見つけて検証することが重要なのだが、それがなかなか難しい。肺の起源に関連したことで、今の時点で確実に言えるのは、**肺は水中でも役に立つこと、肺は水中で進化したこと、遅くとも肉鰭類と条鰭類の共通祖先はすでに肺を持っていたこと**、ぐらいだろう。肺が水中で進化した理由については、まだいくつかの説が対立している状況だ。

理由はともあれ、肺が進化してから何千万年ものあいだ、魚は陸上に進出せずに、ずっと水中で暮らしていた。何だか不思議な気もするが、それが事実なのだ。その後、肺に加えて肢も水中で進化して、それからやっと、私たちの祖先が上陸する日がやってくる。それを次章で見ていくことにしよう。

第15章　肢の進化と外適応

綱渡りができるためには

失敗を恐れずにチャレンジしなさい。そう言われることがある。それはもっともだし、私だってそうありたいと思っている。でもそれは、人生における失敗が、たいてい取返しのつくことだからだ。

たとえば、綱渡りを1度もしたことのないあなたが、これから綱渡りの練習をするとしよう。ところが綱は1本しかなく、その綱は崖と崖のあいだに張られている。練習するなら、この綱を使うしかない。下を見ると、目もくらむような深い谷だ。綱から落ちたら、間違いなく死んでしまう。そんなときに、「失敗を恐れずにチャレンジしなさい」と言われても、素直に従う気にはならないだろう。この場合の失敗は、取返しのつかないことだからだ。

でも、綱は1本しかないのだから、仕方なくこの綱で練習した人もいたとしよう。でも、そういう人はみんな死んでしまった。綱渡りがまだ下手なので、みんな谷底に落ちてしまったからだ。結局、綱渡りができる人は、なかなか現れなかった。

ところが、ついに綱渡りができる人が現れた。彼女は崖と崖のあいだを、綱を渡って自由自在に行き来できた。でも、彼女はこの綱で練習したわけではない。そんなことをしたら、彼女も死んでいただろう。彼女がなぜ綱渡りができたかというと……彼女は最初から綱渡りが上手かったのだ。生まれて初めて綱を渡ったときから、彼女は綱渡りができたのである。でも、そんなことって、あり得るだろうか。

話を聞いてみると、彼女は山で育ったと言う。子供のときから木登りが好きで、枝から枝へと飛び移って遊んでいたそうだ。そのため、抜群のバランス感覚が養われたのだろう。もちろん、彼女が育った山には、綱はなかった。でも、枝を飛び回るときに必要なバランス感覚と、綱渡りをするときに必要なバランス感覚は、非常に近いものだった。だから、彼女は最初から綱渡りができたのだ（実際に、サルの仲間には、最初から綱渡りができるものがいる）。

進化においては、しばしばこれに似たことが起きる。自然選択によって、ある機能（枝を飛び回る）のために発達した構造（バランス感覚を持つ脳）が、新しい機能（綱渡り）をもつことがあるのだ。こういう現象を外適応という。それでは、この章では外適応のあざやかな例を見てみよう。

肢(あし)は歩くために進化したのか

私たち脊椎動物の祖先が陸上に進出したのは、デボン紀後期（約3億8300万年〜3億5900万年前）である。上陸した脊椎動物の仲間を四肢動物といい、現生生物の中では両生類と爬虫類と鳥類と哺乳類が含まれる。四肢動物の祖先は、魚類の中の肉鰭類と呼ばれる仲間で、現生種としてはシーラカンスやハイギョがいる。

ほとんどの魚の鰭(ひれ)は、体に直接ついている。しかしシーラカンスでは、体からまず肉質の腕のようなものが伸びて、その先端に鰭がついている。だからシーラカンスには、短いけれど肢が4本生えているように見える。

四肢動物が現れたデボン紀後期の地層には、赤味を帯びた砂岩からなる「赤色層」が多く、アメリカ、ヨーロッパ、中国、オーストラリアなどで発見されている。20世紀前半の時点では、この赤色層は乾燥した環境で形成されたと考えられていた。赤い色は、中に含まれている鉄分が空気にさらされて、錆びた色だというのである。

この考えをもとに、アメリカの古生物学者、アルフレッド・ローマー（1894〜1973）は、以下のような仮説を提唱した。おそらく私たちの祖先は川か湖に住んでいて、そこは乾季になると、毎年水が干上がるような場所だった。水が干上がれば、ほとんどの魚は死んでしまう。しかし、肉鰭類の仲間は何とか生き残った。鰭が肢になりかけていた肉鰭類ならば、もはや泳げないほど浅くなった水路を移動して、まだ水がたくさんある池に飛び込むことができるからだ。少しなら、乾燥した地面を歩くことさえ、できたかもしれない。つまり、肢は陸上を歩いて、水の中に戻るために進化したのである。

しかし、このローマーの説は、現在では人気がない。その後、赤色層が形成されるのは、乾燥した環境だけではないことがわかってきたからだ。緑に覆われた熱帯の川でも、堆積するときに酸化されれば、鉄は赤く錆びるのだ。たとえば現在では、水が豊富なアマゾン川流域で、赤色層が堆積している。

また、そもそも赤色層自体が、重要でないという考えもある。知られているかぎり最古の四肢動物の化石はデボン紀後期のものだが、実際に四肢動物が現れたのは、もう少し前である可能性がある。最初に四肢動物が進化したときは、個体数も少なく、限られた地域にしか住んでいなかっただろう。生物が化石として残るのは非常にまれな出来事なので、その頃の化石は残っていない可能性が高い。したがって、発見された四肢動物の化石は、四肢動物の個体数が増えて、広い範囲に生息するようになった後のものだろう。つまり実際に四肢動物が出現した時代は、最古の化石が産出した時代より古く、赤色層が堆積する前の可能性が高いのである。

このように、現在ではローマーの説はほぼ否定されており、私たちの祖先が上陸したのは、むしろ植物がたくさん生えた、湿った環境だったと考えられている。だが、以上のような反論とは別に、ローマーの説には大きな問題が一つある。それは、昔の肢も今の肢も、同じ使われ方をしていたに違いないという思い込みだ。外適応という可能性を考えていないのである。

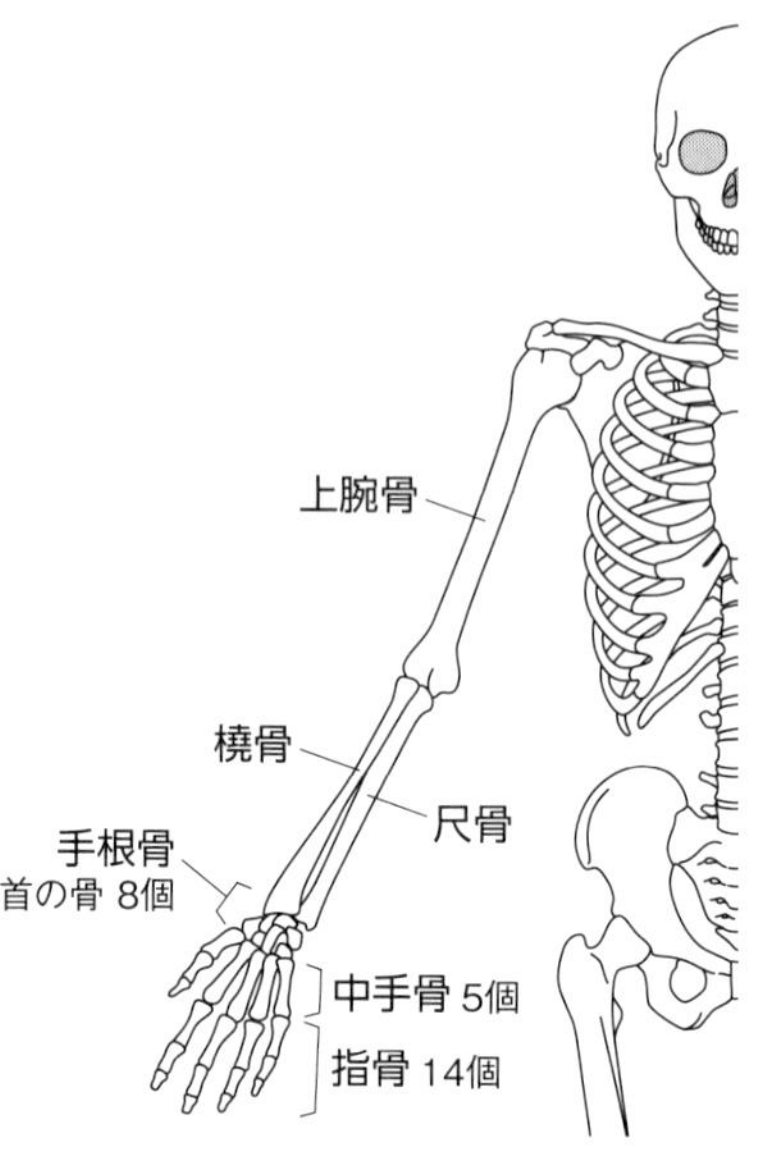

【図15-1】ヒトの前肢の骨。図／WADE

デボン紀の肢

それでは、肢の進化を考える前に、私たちヒトの肢について見てみよう。私たちの前肢（腕）には、肩から肘までは1本の骨（上腕骨）、肘から手首までは2本の骨（橈骨と尺骨）が入っている（【図15－1】）。私たちが掌を、簡単に上に向けたり下に向けたりできるのは、肘から先に2本の骨があるからだ。1本の棒を、長軸を中心に回転させるには力がいる。でも、2本の棒を平行にしたまま、回転させて場所を入れ替えるのは楽にできる。もしも肘から先に骨が1本しかなかったら、手首を回転させるのは今よりずっと大変だったろう。

橈骨と尺骨の先は、手首の骨で、これは8個ある。そこから掌の骨（中手骨）が5個、指の骨（指骨）が14個と続いて、終わりになる。掌は、見た目は指のように5本に分かれていないが、中の骨はすでに5本に分かれている。また指骨については、普通の指には3個ずつ入っているが、親指だけは2個なので（親指は他の指より関節が一つ少ない）、合計14個になるわけだ。したがって、前肢の骨のパターンを簡単にまとめると、「1本―2本―手首―指」となる。このパターンは、私たちの後肢（脚）でも同じである。それだけでなく、全ての四肢動物で共通なのだ。

【図15-2】肢ができはじめていたエウステノプテロン。画／N. Tamura

四肢動物の祖先は肉鰭類だと述べたが、約3億8500万年前（デボン紀後期）の肉鰭類であるエウステノプテロンの鰭には、すでに「1本―2本」というパターンの骨があった（【図15-2】）。肩から頑丈な1本の骨が伸び、その先に2本の骨がついていたのだ。エウステノプテロンの古い復元図には、胸鰭で体を持ち上げて、水中から陸上に出てくる姿を描いたものもあった。しかしエウステノプテロンの体は、多くの魚と同じ流線形で、完全に水中生活に適応している。鰭にしても、陸上で体を支えられるほどは強くない。したがって、エウステノプテロンが陸上に上がることはなかったと、現在では考えられている。

それから1000万年ほど後の約3億7500万年前（デボン紀後期）の地層からは、ティクターリク（【図15-3】）の化石が見つかった。ティクターリクの鰭には、「1本―2本―手首」というパターンの骨があった。すでに手首があったのだ。ティクターリクの眼は、ワニやカエルのように、頭の上の方についていた。だから、泳ぎながら、水面から眼だけを出すこ

【図15-3】手首があったティクターリク。図／Kalliopi Monoyios, University of Chicago

とができただろう。そして水深が浅いところでは、水底に鰭をつき、腕立て伏せをするように頭を持ち上げて、水面の上をうかがったかもしれない。実際にしてみるとわかるが、指を床から浮かせても腕立て伏せはできる。でも、腕立て伏せをするには、手首の角度を変化させなくてはいけないので、手首は必要だ。つまり、指はなくても手首があれば、腕立て伏せはできるということだ。ティクターリクは腕立て伏せができた魚なのである。

四肢動物は水中に住んでいた

さらに1000万年ほど後の約3億6500万年前（デボン紀後期）の地層からは、アカントステガ（【図15－4】）の化石が発見されている。アカントステガの肢には「1本—2本—手首—指」というパターンの骨があった。これは、もう四肢動物と同じパターンである。というか、アカントステガは四肢動物である。私たちと同じように、指のある肢を持っていたのだから（ちなみにアカントステガの指は8本だった）。こんな立派な肢を持っていたのだから、アカントステガは陸上を歩いていたと考えたくなる。しかし、どうやらアカントステガは、水の外に出ることはなかったようだ。

たしかにアカントステガの肢の骨は、「1本—2本—手首—指」というパターンだった。しかし「2本」のところ、つまり橈骨と尺骨が、アカントステガと私たちでは違うのだ。私たちの橈骨と尺骨は、長さが同じである。これなら陸上で体重を支えて歩くことができる。しかし、アカントステガの橈骨は、尺骨よりも長いのだ。これは肉鰭類と同じ特徴で、これでは陸上で体重を支えることができない。つまり水中生活をしていた証拠である。

【図 15-4】肢は完成していたアカントステガ。画／N. Tamura

アカントステガの肢については、別の研究もある。グリーンランドでアカントステガの化石が、多数まとまって発見された。それらのアカントステガは、干ばつなどで同時に死んだと考えられた。その中のいくつかの個体について、上腕骨の構造を調べて成長速度を見積もったところ、すべての個体がまだ子供だと分かったのだ。

骨によって成長の仕方は異なるが、上腕骨では、まず軟骨ができ、それから骨化（軟骨が骨に置き換わる）が起きる。私たちヒトは、子供の早い時期（胎児の段階）で骨化が起きてしまう。ところがアカントステガでは、骨化が始まるタイミングが非常に遅い。ほぼ成体と同じ大きさになるまで、軟骨のままなのだ。現生の四肢動物に比べると、アカントステガの肢はかなり弱いようである。こんな弱い肢では、陸上で体重を支えることはできないだろう。

さらに、アカントステガは立派な尾鰭を持っていた。尾鰭は上だけでなく下にも広がっていた。こんな尾鰭をつけたまま陸上を歩いたら、たちまちズタズタに切れてしまう。しかし化石には、傷ついていない状態の尾鰭が残っている。アカントステガは陸地に上がることはなかったのだろう。

とはいえ、ちゃんとした肢を持っていたアカントステガが、陸地に上がらなかったのは不自然に思える。水中で、立派な肢が進化するのは変に思える。だから、こういう可能性は考えられないだろうか。

「アカントステガの祖先は、肢を進化させて陸地に上がった。その後、祖先の一部は再び水中に戻った。アカントステガは、そういう水中に戻ったグループの子孫なので、水中生活をしていたのに、肢が残っていたのである」

しかし、この可能性は低そうだ。進化において、1度失われたものが再び同じ形に進化することは、ほとんどないからだ。たとえば、水中から陸上に進出した最初の四肢動物は両生類だが、その中には、アホロートルのように水中生活に戻った種もいる。それらの尾は、肉質で縦に薄くなり、ひらひらした形をしている。これを使って泳ぐのだが、魚の尾鰭（たいてい細い骨の間に膜が張っている）とは構造が違う。つまり水中に戻った両生類は、魚だった時代とは違う構造の尾を進化させたのだ。陸地に上がるときに1度失った魚のような尾鰭を、再び進化させたものはいないのだ。ところが、アカントステガの尾鰭は魚のような尾鰭である。したがって、アカントステガは、1度上陸した四肢動物の子孫ではなく、水中にいたまま肢を進化させた四肢動物だと考えられるのである。

肢は水中でも役に立つ

カエルアンコウという現生の魚がいる（【図15－5】）。コイやマグロなど多くの魚と同じ条鰭類というグループに属して、肉鰭類とは違う系統である（173ページ【図14－2】魚類の系統樹参照）。カエルアンコウの鰭は扇（おうぎ）のような形をしており、その扇を海底につけて歩くことができる。あまりにも四肢動物の歩く姿に似ているので、陸上でも歩けるという噂が立ち、18世紀にはカエルアンコウを水の外で飼ったという記録もある。なんとそのカエルアンコウは、飼い主の後を子犬のようについてきたという。もちろん、これは冗談で、事実ではないだろう。カエルアンコウを水から出せば、自らの重みでつぶれてしまい、歩くことなどできない。だからカエルアンコウの肢（のような鰭）は、明らかに水中生活を送るために進化したものだ。でも、肢なんて水の中でどんな役に立つのだろうか。

いや、肢というものは、水の中でも色々と使い道があるのだ。たとえば水中を泳ぐより、海底をゆっくり歩く方が、水を揺らさないので他の動物に気づかれにくいし、使うエネルギーも少なくてすむ。岩にしがみついて、隠れることもできる。さらにカエルアンコウは、海草をかき分けながら進むこともできるのだ。

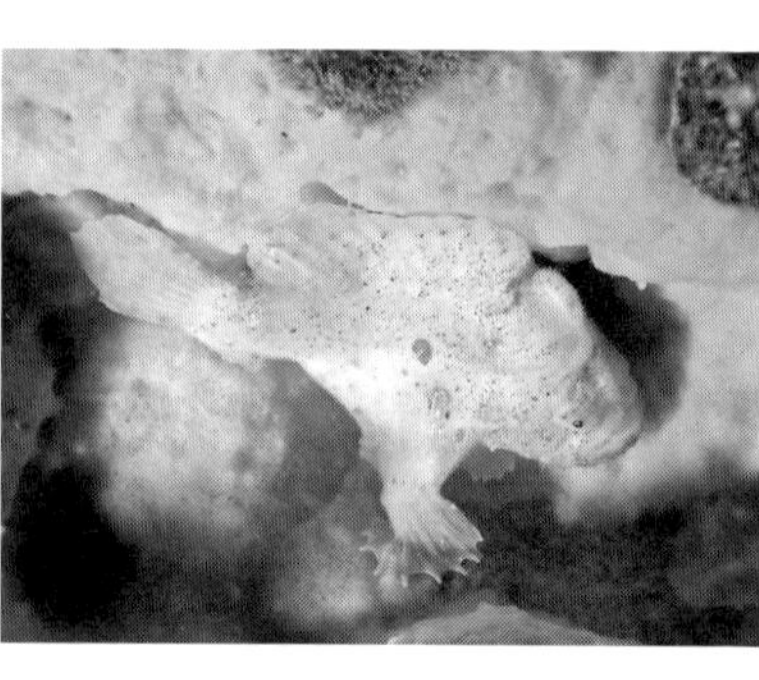

【図 15-5】カエルアンコウは泳ぎはうまくないが、肢のような鰭で海底を歩くことができる。写真／Joi Ito

考えてみれば、一生を水中で過ごすにもかかわらず、肢を持っている動物はたくさんいる。さきほど述べたアホロートルにも肢があるし、深海に住んでいるエビにも肢がある。肢は水中でも役に立つのだ。だから、デボン紀にアカントステガの肢が水中で進化したとしても、別に不思議なことではないのである。

ところで、これは大事なことだが、（この章の最初で述べた）枝を飛び回るバランス感覚と綱渡りのバランス感覚は、似ているけれど全く同じではない。確かに、枝で練習をしていても、綱を渡れるぐらいにはなるだろう。しかし、綱の上で宙返りができるような、綱渡りの名人にはなれない。綱渡りの名人になるためには、やはり綱で練習しなければダメなのだ。

肢における外適応もそうだ。水中で進化した肢を使っても、陸上を歩くことはできる。でも、チーターのように速く走ったり、カモシカのように断崖を駆け下りたりできる肢は、やはり陸上で自然選択を受けなければ、進化しないだろう。**一つのものには、たくさんの使い道がある。で**

も、高度に専門的な使い道は限られてくる。あなたが読んでいるこの本だって、読むだけが能ではない。眠くなったら枕にもなる。でも寝心地では、本はちゃんとした枕に敵わないのである。

第16章　恐竜の絶滅について

鳥は恐竜の子孫だけれど

恐竜の化石は、約2億3000万年前から約6600万年前の地層から発見される。したがって、恐竜は約6600万年前に絶滅したと考えられていた。ところが近年では、「**鳥は恐竜の生き残りであり、恐竜は絶滅していない**」と考えられるようになってきた。

この、「鳥が恐竜の生き残りである」という説は、おそらく正しいだろう。正しいけれど、でもこの説は、しばしば誤解されているように思う。

「ティラノサウルスみたいな大きくて恐ろしい恐竜が、かわいい鳥に進化して生き残っているなんて、不思議ですね」

とか言われると、素直に頷くことができず、ちょっと困ってしまうのだ。

ところで、「鳥が恐竜の生き残りである」というのは最近の説だと書いたが、実は鳥と恐竜が似ていることは、昔から知られていた。19世紀のマサチューセッツ州では、畑や石切り場から、足跡のついた石がしばしば発見されていた。地元では「七面鳥の足跡」と呼ばれており、アマースト大学の地質学者であったエドワード・ヒッチコック（1793〜1864）も、その足跡をコウノトリかサギのような鳥の足跡だと考えた。ただ、その足跡は非常に大きく、40センチメートルを超えるものさえあった。もちろん、これは恐竜の足跡だったのだが、ヒッチコックには鳥の足跡に見えたのだ。

1860年になるとドイツのゾルンホーフェンで、始祖鳥の羽毛の化石が発見された。ドイツの古生物学者であるクリスティアン・エーリッヒ・ヘルマン・フォン・マイヤー（1801〜1869）は、この羽毛を鳥類のものだと考え、翌年にアルケオプテリクス（始祖鳥の学名）と命名した。その年（1861年）には、羽根の痕跡が残った始祖鳥の骨格の化石も発見された。ミュンヘン大学の動物学者であるヨハン・アンドレアス・ヴァグナー（1797〜1861）はこれを爬虫類の化石だと考え、一方、イギリスのリチャード・オーエン（1804〜1892）は、「爬虫類的な特徴がみられるものの」鳥類の化石だと考えた。さらにダーウィンの番犬と言われたトマス・ヘンリー・ハクスリーも、この始祖鳥の化石を丹念に調べ、始祖鳥は爬虫類の中でも恐竜に似ていることを1868年に発表した。このように、鳥と爬虫類の類似性には多くの人が気づいていたし、ハクスリーにいたっては、鳥を恐竜の子孫とまで考えていたのである。

恐竜には鎖骨がない？

このように、恐竜と鳥が似ていることは約150年も前から知られていたのだが、その後、恐竜と鳥が近縁であるという説は人気がなくなっていく。その理由は三つあったが、その一つ目は、叉骨（さこつ）であった。

私たちヒトには、首の下から肩に向けて、鎖骨（さこつ）という骨が左右に1本ずつある。鳥類では左右の鎖骨が融合して、1本のV字型の骨になっている。こういう鎖骨を叉骨という（両方とも「さこつ」なのでややこしい）。叉骨は、翼を動かすときにバネの役目を果たすので、鳥類が飛行するために重要な骨である。ともあれ叉骨は鎖骨の1種なので、鳥類には鎖骨があると言える。ところが恐竜には鎖骨が見つからないことから、1926年にデンマークの元医学生であった画家、ゲルハルト・ハイルマンが、「鳥の祖先は恐竜ではない」と主張する著作を発表した。そして、恐竜の祖先と考えられる槽歯類（そうしるい）には鎖骨があることを根拠に、槽歯類から鳥類と恐竜という二つの系統が別々に進化して、鳥類では鎖骨が融合して叉骨となり、恐竜では鎖骨が失われたと考えられるようになった。

実は、ハイルマンの主張より前の1923年に記載されたオビラプトルという獣脚類（恐竜の1グループ）の標本には鎖骨があったが、当時は他の部位の骨と考えられていた。また、ハイルマンの著作が出たあとの1936年には、セギサウルスという小型の獣脚類に鎖骨があると報告した論文も出されたのだが、あまり注目されなかった。そのためハイルマンの説は、半世紀以上も影響力を持ち続けることになる。しかしその後、恐竜にも鎖骨があることが広く知られるようになり、融合した叉骨をもつ恐竜（ジュラ紀のアロサウルスなど）がいることも分かってきた。つまり、叉骨は飛行とは関係なく進化したもので、鳥類はすでにあった叉骨を飛行のために転用したようだ。

二つ目は、指だ。四肢動物の指の基本は5本である（ただし初期の四肢動物は除く）。5本から減ることはあっても、増えることはないのである。ここでは、鳥と恐竜の前肢の指に注目しよう。

鳥の前肢の指は（翼に隠れて見えないが）、3本指である。ニワトリの発生などの研究から、この3本指は、5本指の中の第2指（人差し指）と第3指（中指）と第4指（薬指）に相当すると考えられていた。

一方、鳥の祖先の候補とされた、恐竜の中の獣脚類というグループの前肢の指も、たいてい3本である。この3本も、鳥と同じく第2指～第4指に相当するのだろうか。恐竜は絶滅しているので、指の発生過程を観察することはできない。しかし、原始的な獣脚類には、指が5本あることが知られていた。その5本は、同じくらいの大きさではなく、第4指と第5指（小指）は小さく退化していた。したがって、獣脚類では第4指と第5指がなくなって、残りの3本（第1指～第3指）が残ったと考えるのが自然である。

だがそうなると、鳥と獣脚類では残った指が違うことになる。獣脚類は第1指～第3指なのに、鳥は第2指～第4指だからだ。したがって、鳥は獣脚類の子孫ではないと考えられたわけである。

【図16-1】シノサウロプテリクスには、羽毛はあったが翼はなかったと考えられている。出典：Smithwick et al.（2017）*Current Biology* 27(21) 3337-3343.

しかし21世紀になると東北大学の田村宏治（こうじ）（1965〜）らによって、ニワトリの指の発生が詳しく調べ直され、鳥の3本の指は、獣脚類と同じく第1指〜第3指であることが明らかになった。

三つ目は、化石の年代だ。1996年に中国で、シノサウロプテリクスという獣脚類の化石が発見された。驚いたことに、シノサウロプテリクスの腕や体には羽毛が生えていた（【図16-1】）。羽毛があるといっても翼があるわけではなく、前肢は普通の腕であった。私たち哺乳類が毛によって寒さをしのぐように、シノサウロプテリクスも羽毛によって寒さをしのいでいたのかもしれない。ともあれ、空を飛ぶことはできなかったろう。これが、最初の羽毛恐竜の発見であった。

その後、羽毛恐竜はぞくぞくと発見されていく。そうであれば、こういう羽毛恐竜の中から空を飛べるものが現れて、鳥になったと考えたくなる。でも、何かがおかしい。羽毛恐竜の化石は、すべて白亜紀（約1億4500万年前〜6600万年前）のものなのだ。

原始的な鳥と考えられている始祖鳥が生きていたのはジュラ紀（約2億100万年前〜1億4500万年前）である。白亜紀の前の時代だ。もしも鳥が羽毛恐竜から進化したのであれば、羽毛恐竜は始祖鳥よりも前に出現していたはずである。もちろん、羽毛恐竜の一部が鳥に進化した後も、それ以外の羽毛恐竜は生き残っていたかもしれない。だから、始祖鳥よりも後の時代に、羽毛恐竜が生きていることには何の問題もない。でも、始祖鳥よりも古い羽毛恐竜の化石がまったく見つからないのは不自然ではないだろうか。しかし、この問題も今では解決されている。始祖鳥よりも古いと考えられるジュラ紀の地層から、アンキオルニスという羽毛恐竜の化石が発見されたからだ。

このように、鳥が恐竜ではないという説は、現在では否定されている。さらに、鳥と恐竜の骨や卵殻を比較することによって、他の動物にはない共通点が何十個も報告されている。鳥が恐竜の子孫であることは確実で、もはやくつがえることはないだろう。

羽毛はいつ生まれたか

恐竜の最古の化石が発見されるのは三畳紀後期で、約2億3000万年前だ。ちなみに三畳紀は約2億5200万年前〜2億1000万年前の時代なので、2億3000万年前といえば三畳紀の前半に入る。それなのに2億3000万年前は、どうして三畳紀後期なのだろうか。

その理由は、「三畳紀後期」というのが時代の名前だからだ。三畳紀は前期（約2億5200万年前〜2億4700万年前）、中期（約2億4700万年前〜2億3700万年前）、後期（約2億3700万年前〜2億100万年前）に分けることになっている。三畳紀は約5100万年間あるが、三畳紀前期はそのうちの約500万年間なので、三畳紀全体の10分の1もない。でも、そういう決まりになっているのだ。「三畳紀前期」というのは三畳紀の初めの方の時代をぼんやりと指す言葉ではなく、約2億5200万年前〜2億4700万年前の時代を指す名前なのである。ということで、恐竜の最古の化石が発見された約2億3000万年前は、三畳紀後期になる。

この時代の地層から数種の恐竜化石が発見されているが、代表的なものはエオラプトルである。全長（口の先から尾の先まで）は約1メートルで、二足歩行をしていた恐竜である。1メートルというと大きそうに思えるが、尾の先まで入れて1メートルなので、それほどは大きくない。中型犬ぐらいだろう。このエオラプトルが羽毛を持っていた直接的な証拠はないが、もしかしたら持っていたかもしれない。それは、こういうわけである。

恐竜は、大きく二つのグループに分けられる。竜盤類と鳥盤類だ。鳥の祖先である獣脚類は、

【図16-2】ソルデスは、体毛があったといわれる小型の翼竜である。
画／Dmitry Bogdanov

竜盤類に含まれる。羽毛をもつ恐竜の多くは獣脚類だが、鳥盤類の中にも羽毛をもつものがいくつか知られている。

羽毛は、全ての生物の中で、恐竜と鳥にしか見られない、かなり特殊なものだ。そういう特殊なものが何度も進化することは、（絶対にないとは言えないけれど）比較的考えにくい。もしも羽毛が1度しか進化しなかったとすれば、それは竜盤類と鳥盤類が分かれる前の、両者の共通祖先で進化したことになる。つまり、恐竜は最初から羽毛を持っていたということだ。

恐竜と同じ時代に、翼竜という爬虫類がいた。翼竜は恐竜ではないが、恐竜に近縁な生物である。その翼竜の1種であるソルデスには体毛があったことが報告されている（【図16－2】）。

さらに、中国で見つかったジュラ紀の翼竜の化石に、羽毛のような構造があったという報告もある。

これらの翼竜の体毛や羽毛が、恐竜の羽毛と同じ起源をもつかどうかはわからない。しかし、もしも両者の起源が同じなら、羽毛の起源は、竜盤類と鳥盤類の共通祖先からさらに遡り、恐竜と翼竜の共通祖先まで古くなることになる。まあ、翼竜についてはまだ確定的ではないが、恐竜にとっての羽毛は、私たち哺乳類にとっての毛のように、一般的なものである可能性は高そうである。

恐竜の羽毛と哺乳類の毛

羽毛が恐竜に一般的なものだったとして、それは何の役に立ったのだろうか。恐竜の羽毛と哺乳類の毛は別々に進化したものだが、羽毛の役割を考えるときには毛の役割が参考になる。まず羽毛は、寒さをしのぐのに使えそうだ。私たち哺乳類は、寒さをしのぐために毛を進化させた。それは、毛皮のコートを着ると暖かいことで実感できる。同じように恐竜は、寒さをしのぐために羽毛を進化させたのではないだろうか。羽毛のダウンジャケットを着ても、やはり暖かいからだ。つまり羽毛は、体温調節のために進化した可能性が高い。

だが、恐竜には羽毛を持たないものが結構いる。恐竜は鳥盤類と竜盤類の二つに分けられるが、そのうちの竜盤類は、さらに獣脚類と竜脚類という二つのグループに分けられる。竜脚類は首や尾が長く、植物食の恐竜が多いグループだ。アルゼンチノサウルスやスーパーサウルスなどの巨大な恐竜は、この竜脚類に含まれる。この竜脚類の化石からは、今のところ羽毛の証拠が見つかっていない。これは、どう考えればよいのだろうか。

体温は、体が大きいものほど一定に保ちやすい。体が小さくなれば、体積に比べて表面積が相対的に大きくなり、体から熱が逃げやすくなるからだ。したがって、体温調節のために羽毛が必要なのは、小さな恐竜だ。獣脚類の中では小さなものに羽毛が多く、巨大な竜脚類に羽毛がない（あるいは少ない）のは、そのためだろう。哺乳類だって、すべてに毛が生えているわけではない。ゾウのように大きな哺乳類には、ほとんど毛が生えていない。頭から背中にかけて、チョロチョロと生えているだけだ。

ただし、これには例外がある。白亜紀前期に生きていたユウティラヌスというティラノサウルス類の1種は、全長が9メートルもある巨体にもかかわらず、全身に羽毛が生えていたことが知られている。ユウティラヌスは寒いところに住んでいた可能性があるので、体が大きくても羽毛が必要だったのかもしれない。哺乳類でも、マンモスのように寒いところに住んでいたものは、体が大きくても全身に毛が生えていたのだから。

ちなみに、羽毛や毛が必要なのは、恒温動物だけである。体温を、比較的高い温度で一定に保っているから、周囲が寒くなると体温が失われる。それを防ぐために、羽毛や毛が必要なのだ。もしもトカゲのような変温動物なら、体温はだいたい周囲の温度と同じである。それなら羽毛や毛なんかあったって、何の意味もない。羽毛や毛の断熱効果が役に立つのは、体温と周囲の温度

【図 16-3】オルニトミムスの腕についた翼は、オスがメスに求愛するときのディスプレイとして使われた可能性が高い。出典：Zelenitsky et al.（2012）*Science* 338（6106）510-514.

が違うときだけだ。したがって羽毛を持っていた恐竜が恒温動物であった可能性は高いだろう。

また、羽毛の別の役割としては、繁殖行動の一つとして、求愛のディスプレイに使われた可能性がある。オルニトミムスは、全長が3・5メートルほどの白亜紀後期の獣脚類である（【図16－3】）。体つきがダチョウに似ているので、ダチョウ恐竜と呼ばれることもあり、走るのが速かったようだ。このオルニトミムスの体にも羽毛が生えているが、成体になると腕に羽毛の翼ができる。この翼は子供にはないし、飛ぶには小さすぎて役に立たないので、オスがメスに求愛するときのディスプレイに使われていたのではないかと考えられている。ちなみに、羽毛を求愛のディスプレイに使うことは、現生の鳥類でもしばしば観察されている。

鳥が恐竜に見えてくる

おそらく羽毛は、体温調節や求愛のディスプレイのために進化した。そして、この羽毛は、多くの恐竜が持っているものだった。そして、羽毛を持っていた恐竜の一部が鳥に進化したのである。

それでは鳥と恐竜はどこが違うのだろう。鳥の定義としてよく使われているのは、「始祖鳥とイエスズメを含む単系統群」という定義だ。何だかわかりにくい定義なので言い換えると、「始祖鳥」と「現生の鳥」と「遺伝的に始祖鳥と現生の鳥の中間の生物」と「始祖鳥の子孫」が鳥ということになる。いや、言い換えても全然わかりやすくならないけれど、この定義からはっきりわかることが一つある。それは、始祖鳥は鳥だということだ。

始祖鳥は、現生の鳥と違って、口には歯があるし、翼には3本の指があるし、尾には長い骨がある。でも、立派な翼はもっているし、羽毛は、中心を通る羽軸の左右で非対称になっている風（かざ）切（き）り羽（ばね）で、これは飛行するのに便利な羽毛である。だから、おそらく始祖鳥は滑空するだけでなく、ちゃんと飛行できたのだろう。飛行するには羽軸が細すぎるとか、翼を動かす筋肉をつけるための竜骨突起が発達していないとかいう意見もあるので、現生の鳥ほどは、うまく飛べなかったかもしれないけれど。ちなみに、「飛行」というのは、同じ高度を保って飛ぶことで、「滑空」というのは、ゆっくりと高度を下げながら飛ぶことである。

つまり始祖鳥は、恐竜と鳥の中間的な形態をしているのだ。実は、恐竜と鳥の中間的な化石は、始祖鳥の他にもたくさん見つかっている。その形態の違いは連続的で、どこからが鳥で、どこか

【図16-4】オビラプトルが羽毛の生えた体で卵を温める姿はほとんど鳥である。画／服部雅人

らが恐竜か、線を引くのは難しい。そこで、とりあえず始祖鳥は鳥だと決めて、始祖鳥を境目にしたのだ。大ざっぱに言えば、始祖鳥より鳥に近ければ、鳥だと決めたことになる。逆に言えば、形態の特徴で恐竜と鳥を区別するのは難しいということだ。

白亜紀に生きていたオビラプトルという獣脚類の恐竜は、巣の中に卵を産むと、その上に座って卵を温めた。羽毛の生えた体で卵を温める姿は、ほとんど鳥である（【図16－4】）。やはり白亜紀の獣脚類であるメイという恐竜は、首を後ろに伸ばして、頭を背中の上に載せて休んでいた化石が発見された。このような姿勢で眠ることで、頭や首が冷えるのを避けていたのだろうが、この姿はもう完全に鳥としか思えない。見た目の印象の話だけれど、多くの恐竜は鳥のような姿をしていたのだ。

たしかにティラノサウルスのような、あまり鳥に似ていない恐竜もいた。ティラノサウルスの化石からは羽毛が見つかっていないので、もし羽毛があったとしても少なかったのだろう。でも、ティラノサウルスの周りには、鳥のような姿をして、鳥のような行動をする恐竜がたくさんいたのだ。その中には、鳥のように飛行する恐竜さえいただろう。さきほどの定義に従えば、飛行する恐竜の中には、鳥もいたし、鳥でないものもいたにちがいない。でも、もしもタイムマシンで白亜紀にワープして、ティラノサウルスの周りを飛び回る恐竜を見たら、鳥と呼ぶか呼ばないかなんて、きっとどうでもよくなる。恐竜の多くは、もともと鳥みたいな生物なのだ。その鳥が、今も生きているのだ。たいていの人は毎日のように、カラスやスズメなどを見ていることだろう。それは、恐竜が飛び回っているのを、毎日のように見ているということだ。

ティラノサウルス（という恐竜）も鳥（という恐竜）も、白亜紀には同時に生きていた。その後、ティラノサウルス（という恐竜）は白亜紀末に絶滅したけれど、鳥（という恐竜）は絶滅しなかった。それなのに、

「ティラノサウルスみたいな大きくて恐ろしい恐竜が、かわいい鳥に進化して生き残っているなんて、不思議ですね」

なんて言うのはおかしくないだろうか。それは、

「マンモスみたいな大きくて恐ろしい哺乳類が、私たちみたいなヒトに進化して生き残っているなんて、不思議ですね」

と言うのと同じことである。

マンモスがヒトに変化したわけではない。マンモスがいた頃からヒトはいたし、その頃も今もヒトは哺乳類なのだ。

ティラノサウルスが鳥に変化したわけではない。ティラノサウルスがいた頃から鳥はいたし、その頃も今も鳥は恐竜なのだ。

白亜紀の頃から、多くの恐竜は羽毛の生えた、かわいい鳥だったのだ。

第17章　車輪のある生物

車輪はデコボコ道が苦手だけれど……

古くからある謎の一つに、「なぜ生物には車輪がないのか」というものがある。これに対する答えとしては、「車輪はデコボコ道が苦手だから」というのが一般的である。

車輪をもつ自動車は、舗装された平らな道の上ならスムーズに走れる。しかし、砂利道では車体がガタガタして安定しないので、スピードを落とさなければならない。大きな岩でもあれば、それ以上先へ進むことすらできない。確かに車輪は、デコボコ道が苦手なようだ。ましてや、ヒト以外の多くの生物が住んでいる自然界には、そもそも道すらない。地面はいたるところ、デコボコだらけだ。これでは車輪は使い物にならないので、車輪は生物で進化しなかったのだ。これが、よく聞く答えである。でも、本当にそうだろうか。

車輪はエネルギー効率がよい

私たちの周りでは、自動車も電車も車輪で動いている。どうして、私たちヒトは、車輪をよく使うのだろう。

それは、車輪のエネルギー効率がよいからである。たとえば、歩行と自転車を比べてみよう。両方ともエネルギー源は人力だ。しかし同じ距離を移動するなら、自転車の方が少ないエネルギーで済むこと、つまり楽なことは明らかだ。

私たちが歩くときには、右足を前に出し、それから右足を地面に着けて止める。その間に左足を動かすのだが、それが終わると、地面に着けていた右足をまた前に出す。その繰り返しだ。つまり、右足にせよ左足にせよ、動かしたり止めたりしなければならないので、その度に加速や減速のためのエネルギーを余分に使うことになる。一方、自転車の車輪は、一定の速さで回り続ける。足のように加速と減速を繰り返さないので、エネルギー効率が良いのである。

私たちは、この車輪の利点を使うために、車輪の欠点を修正する。つまり、デコボコ道を平らにする。道路を作ったり、線路を敷いたりするのである。もちろん、デコボコを平らにするのにもエネルギーは必要だ。しかし、いったん平らにしてしまえば、その後は車輪が使えるので、エネルギーが節約できる。長い目で見れば得をするので、がんばって平らにするわけだ。

つまり、もしも地面が平らだったら車輪は進化したのだが、実際の地面はデコボコなので、生物で車輪は進化しなかった、というのが一般的な説ということになる。この説が正しいかどうかを考えるために、車輪はどのくらい地面がデコボコだと進めないのか検討してみよう。

車輪が進化しないのはおかしい

車輪は、どのくらいの段差まで上れるのだろうか。車椅子や自動車の場合は、段差が車輪の直径の4分の1ぐらいまでなら、何とか上ることができるようだ。車輪だけが単独で転がっていく場合なら、原理的には車輪の直径の半分、つまり半径より低い段差なら上ることが可能である。これなら、車輪がそこそこ大きければ、道路がなくても走れるところが、地球上に結構ありそうだ。たとえば、車輪がそこそこ大きければ、タイヤの直径が70~80センチメートルのジープなどで、道のないサバンナや砂漠を走ることは可能だし、火星の探査車もタイヤを使って、道のない火星の表面を調査している（ちなみに、タイヤというのは車輪の外側の部分で、ゴムでできていることが多い）。たしかに車輪で走れないところも多いだろうが、地球上のあらゆるところで車輪がまったく使えない、ということはないはずだ。そう考えると、一部の地域で、車輪を持つ生物が進化したって、よさそうなものである。コアラのように食性が限られていて、一部の地域にしか住んでいない生物はたくさんいるのだ。それなのに、どうしてサバンナにだけ住んでいる車輪をもったシカは、進化しなかったのだろうか。

しかも、車輪を複数使えば、半径よりずっと高い段差を上ることだってできるのだ。たとえば前後に車輪を付けた車の上に、重りをつけた柱を立てておく（【図17-1】（A））。柱は自由に曲げることができるものとする。この車で段差を上ることを考えよう。たとえ段差が車輪の半径より高くても、前の車輪だけなら段差の上に上げることはできる（【図17-1】（B））。しかし、重りを動かさなければ、車が上れるのはここまでだ。車全体が、段差の上に上がることはできない。しかし、柱を曲げて重りを段差の上まで動かして、車全体の重心を段差の上に移動させれば、どうだろうか（【図17-1】（C））。そうすれば、後ろの車輪は床から離れて、車は段差の上に上ることができる（【図17-1】（D））。これなら、前後の車輪の間隔を広げることによって、いくらでも高い段差に上ることが可能である。

いくらなんでも重りをつけて移動させるのは反則だ、と言う人もいるかもしれない。しかし、そんなことはない。そもそも重心を移動させなければ、どんな方法を使おうと、段差を上ること

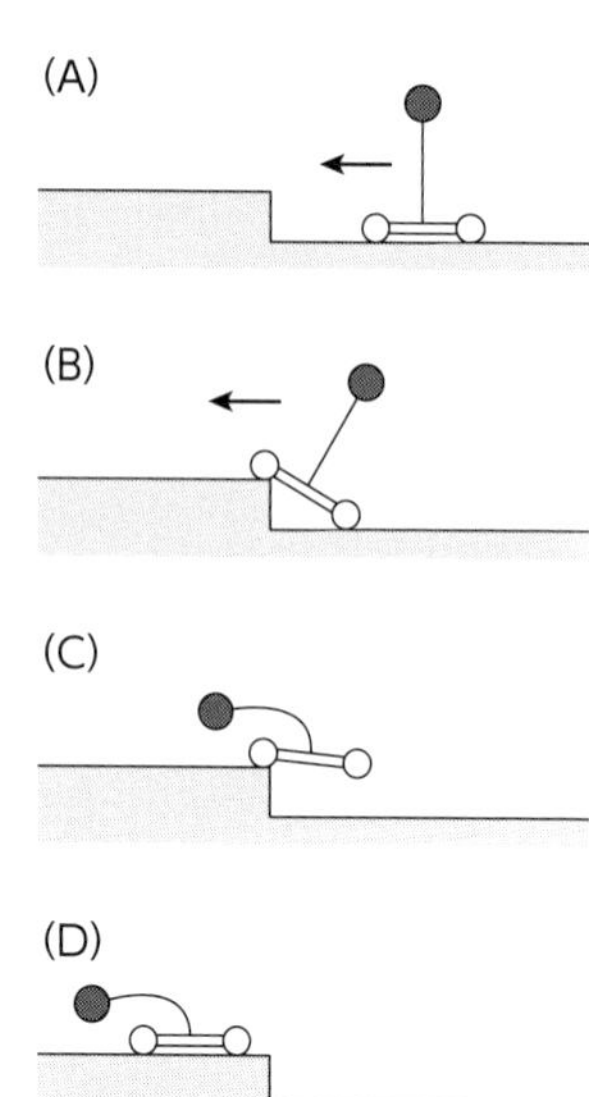

【図17-1】車は半径より高い段差を上ることができる。（A）前後に車輪を付けた車の上に、重りをつけた柱を立てておく。（B）段差が車輪の半径よりも高くても、前の車輪だけなら段差の上に上げることができる。（C）柱を曲げて重りを段差の上まで動かす。（D）そうすれば、後ろの車輪は床から離れて、車は段差の上に上ることができる。『ロボットはなぜ生き物に似てしまうのか』（講談社）の中の図を改変。図／WADE

は不可能なのだ。私たちだって、段差の上に片足を載せただけで、真っすぐに突っ立っていては、段差を上ることはできない（【図17－2】（A））。段差を上るためには、体を曲げて、段差に載せた足よりも先まで、頭を持ってこなければならない（【図17－2】（B））。そうして、体全体の重心を段差の上まで移動させてから、足を伸ばすことによって、段差を上るのである（【図17－2】（C））。だから、重心を移動させるのは反則でも何でもなく、段差を上るために不可欠なことなのだ。このように少し工夫をすれば、車輪でもいろいろなことができる。木に登ることだってできるのだ。

さらに言えば、複数の移動手段を進化させた生物は、たくさんいる。だから、車輪が使えないときは別の手段で移動して、車輪は使えるときだけ使う、そんな生物が進化したっておかしくな

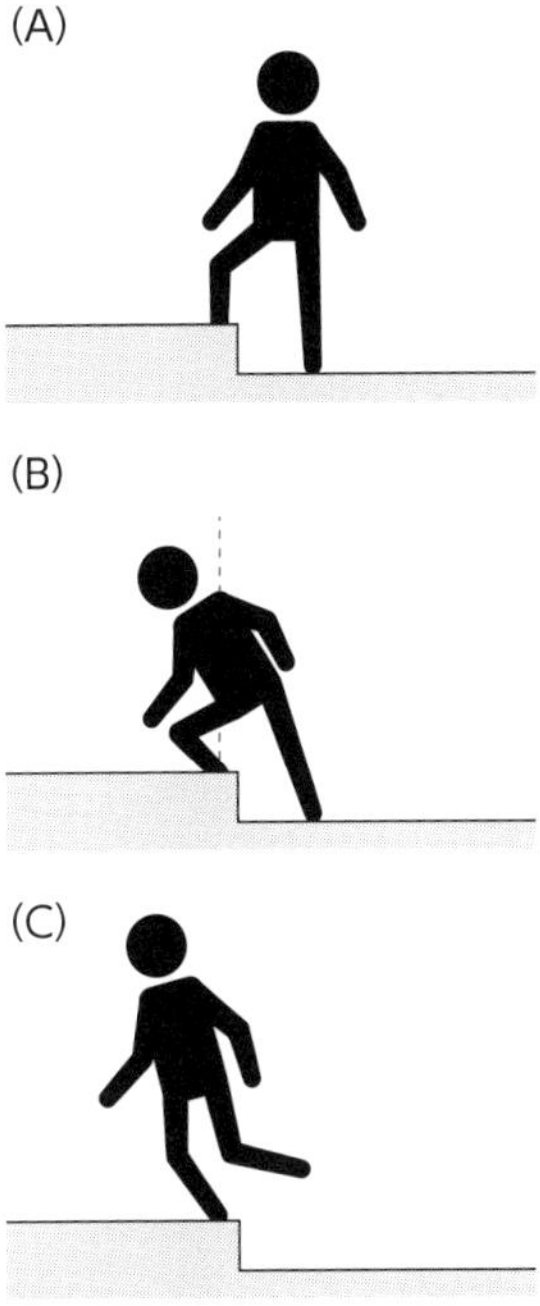

【図17-2】ヒトの段差の上り方。(A) 私たちも、段差の上に片足を載せただけで、真っすぐに突っ立っていては、段差を上ることはできない。(B) 段差を上るためには、体を曲げて、段差に載せた足よりも先まで、頭を持ってこなければならない。(C) そうすれば、足を伸ばすことによって、段差を上ることができる。図／WADE

い。

　カラスは空を飛ぶ。でも地面を歩くこともできる。カラスは空を飛ぶ翼も、地面を歩く肢も、両方持っているからだ。昆虫のカブトムシも、空を飛ぶ翅と、地面を歩く肢を、両方持っている。一方エビは、泳ぐことも、海底を歩くこともできる。泳ぐための肢（腹部についている腹肢）と、海底を歩くための肢（胸部についている胸脚）を、両方もっているからだ。

　だから、肢と車輪を両方進化させた生物がいたってよさそうなものだ。デコボコした場所は肢で歩き、平坦なところは車輪で疾走する。そんな生物がいたら、繁栄しそうに思える。ローラースケートのように、脚の先に車輪をつけるのも、よいかもしれない。これなら、車輪で越えられないような大きな石は、跨げばよいのだ。それなのに、いくらサバンナを見渡しても、車輪で走っていく生物が1匹もいないのはなぜだろう。

　以上の話をまとめよう。地球上で車輪が使える場所はあまりないけれど、まったくないわけではない。しかも、車輪を複数使えば、かなりデコボコでも走れるので、車輪が使える場所は思ったよりも広いかもしれない。さらに車輪だけでなく肢も同時に進化させれば、もはや何の問題もない。車輪が使えないところでは、肢を使えばよいのだから。どうやら「地面がデコボコだから車輪が進化しなかった」とは言えないようだ。

ところで、車輪を持つ生物はまったくいないのだろうか。実は、回転する構造を持つ生物は、いくつか知られている。回転構造の例としては、大腸菌などのべん毛が有名だ。大腸菌などの細菌は、べん毛をスクリューのように回転させて、水中を移動する（【図17－3】）。べん毛も体の一部なので、栄養（タンパク質）が必要である。しかし、クルクルと回転するので、血管をつなげるわけにはいかない。そんなことをしたら、たちまち血管がねじれて切れてしまう。では、どうやって栄養を送るかというと、べん毛の中心を通る穴に栄養を入れるのだ。べん毛は中空のような構造をしており、先端まで穴が通っている。べん毛が回転すると、べん毛の断面の外側は回転するけれど、断面の中心に空いた穴の位置は変わらない。そこで、体側からその穴に栄養を入れてやるわけだ。

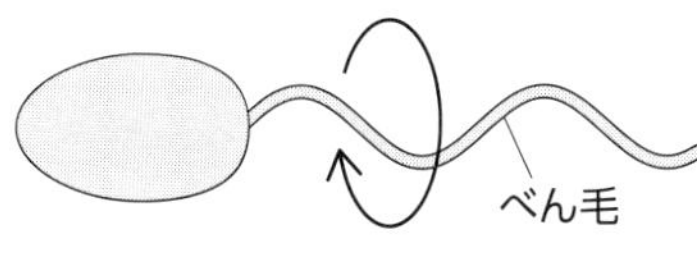

【図17-3】細菌はべん毛をスクリューのように回転させて移動する。図／WADE

ところで、地球の生物は、原核生物と真核生物の二つに分類できる。真核生物の細胞では、細胞質基質（細胞の中の液体部分）の中に核があり、DNAは核の中にしまわれている。私たちヒトは真核生物だ。一方、原核生物には核がなく、DNAが細胞質基質の中に直接漂っている。

大腸菌などの細菌は原核生物だが、真核生物の中にも回転構造を持つものがいる。シロアリの腸内に住む単細胞の真核生物である鞭毛虫（デベスコビナなど）だ（【図17－4】）。デベスコビナは細長い細胞だが、その先端部分がクルクルと回るのである。先端部分の中には核やゴルジ体（細胞小器官の一

【図17-4】単細胞の真核生物の1種、デベスコビナ。長さは約0.1ミリメートル。上の部分がクルクルと回るが、下の部分との間に切れ目は見られない。（Tamm and Tamm 1976より）

つ）があり、それらも一緒にクルクルと回る。面白いのは表面の細胞膜で、先端部分とその他の部分の間に、切れ目はないらしい。流れない液体と流れる液体が接しているような感じで、連続的につながりながら、先端部分だけが回転するようだ。

細長い細胞の中には棒のような軸が通っており、この軸の先端に核やゴルジ体がくっついている。この軸が回転する結果、それに伴って核やゴルジ体が、そして先端近くの細胞膜も、回転するらしい。デベスコビナの場合は細胞の中は連続しているので、回転している先端部分へ栄養を運ぶことに問題はないだろう。

さらに、2018年に山口大学の沖村らは、車輪を持つ細胞を、真核生物である魚類で報告している。それは魚の表皮にあるケラトサイトという細胞で、表皮が傷つくと、傷ついた場所に移動して修復する働きがある（【図17-5】）。餃子のような形をしていて、具が入っている方が後ろ、薄いヒダの方を前にして進む。このケラトサイトの移動速度はかなり速く、私たちヒトの表皮にあるケラチノサイトという細胞の10倍以上の速さで移動するらしい。

ケラトサイトの餃子の具の部分は細胞体と呼ばれ、ラグビーボールのような形をしている。ラ

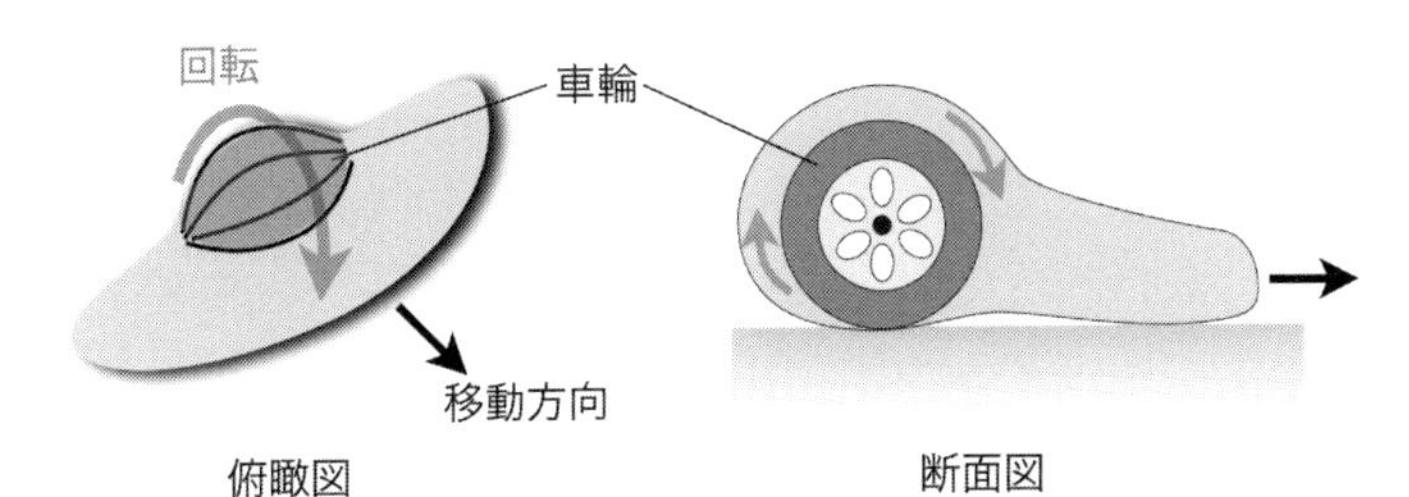

【図 17-5】魚の表皮にあるケラトサイトという細胞。膨らんだ部分が回転して、車輪の役目をする。出典：山口大学・基礎生物学研究所、岩楯好昭、沖村千夏

グビーボールの縫い目のところは、アクチンとミオシンというタンパク質から成るストレスファイバーという繊維構造になっている。このラグビーボールが回転することによって、ケラトサイトは移動するのである。つまり、このラグビーボールが車輪なのだ。

このように生物は、車輪などの回転構造を進化させることがある。しかし、これらの回転構造は、すべて細胞レベルの小さなものだ。だから物質の輸送を、拡散というメカニズムで行うことができる。拡散とは、原子や分子の熱運動が原因で物質が動くことである。短い距離なら、物質は拡散によって自動的に広がっていくので、小さな生物の体内における物質の輸送は、たいてい拡散で十分なのだ。

しかし、私たちのように大きな生物が大きな車輪を持つとなると、話が違ってくる。大きな生物は、拡散によって体の表面の皮膚から、酸素や栄養を取り入れるのは無理なのだ。拡散によって酸素や栄養が届くのは、皮膚の近くだけである。体の中の方までは届かないので、中の方は死んでしまう。それでは困

るので、体の大きい動物では、体の中の方まで酸素や栄養を届けるための仕組みが必要になる。それが、心臓や血管である。心臓が拍動することによって、無理やり血液を体内に送る。そして体中の細胞に、酸素や栄養が含まれている血液を届けるのである。私たちの体は、どこを針で刺しても、血が出る。それは体中の細胞に、血液が届けられている証拠である。

つまり、**私たち大きな動物には血管が必要である。しかし、回転構造に血管をつなぐことはできない。そのため、大きな回転構造はできないのだろう。**回転構造は小さなものに限られるのだ。

それではなぜ、自動車や電車には車輪があるのだろう。自動車にしても電車にしても、私たちヒトよりずっと大きいではないか。おそらくその理由は、自動車や電車は分解できるからだ。自動車は、車体からタイヤに栄養を送る必要はない。だから、車体とタイヤは血管でつながなくてよい。タイヤは古くなったら、外して新しいタイヤに取り換えればいいからだ。

これを逆に言えば、生物は分解できないということだ。だから、細菌や単細胞生物に比べて体が大きい動物には、車輪が進化しなかったのだ。細菌や単細胞生物には回転構造が進化したが、それは拡散で物質が輸送できるからで、分解できないという点では私たちと同じである。**生物は分解できない。それは生物の重要な性質の一つなのだ。**

第18章　なぜ直立二足歩行が進化したか（Ⅰ）直立二足歩行の欠点

人類がチンパンジーと大きく違うところは二つある。直立二足歩行と小さな犬歯だ。化石記録を見るかぎり、この二つはほぼ同時に進化したようだ。しかも、それは、人類が他の類人猿と分岐したとき、つまり人類が出現したときだった。

ということは、この二つの特徴が、人類というものを誕生させた可能性が高い。しかし、直立二足歩行と小さな犬歯なんて、お互いにまったく関係なさそうに思える。でも、そうではない。おそらく、この二つが結びついたときが、人類がどうして誕生したのかという謎が解けるときなのだ。

第20章までの最後の3章では、人類誕生の謎解きをしようと思う。第18章では直立二足歩行の話を、第19章では小さな犬歯の話をして、そして第20章でその二つを結び付けてみよう。

ヒトは変わった生物

私たちヒトは、変わった生物である。脳が大きく、言葉を話し、一見何の役にも立たなそうな芸術活動も行う。ビルを建てたり、列車を走らせたりするだけでなく、最近では宇宙にまで活動範囲を広げるようになった。私たちに最も近縁な生物であるチンパンジーと比べても、ヒトはかなり独特な生物のようだ。

しかし、昔はヒトとチンパンジーは、同じ種の生物だった。アフリカの森林に住んでいた類人猿だった。この、ヒトとチンパンジーの共通祖先である種の一部が、およそ700万年前に分岐した。つまり、同じ種の他の個体と交配することがなくなり、独自の進化の道を歩み始めたのである。

この、独自の進化の道を歩み始めた生物を「人類」という。つまり、チンパンジーと分岐した後の、私たちヒトに至る系統に属する生物のことだ。化石記録によって、人類は何種もいたことがわかっている。研究者によって数は異なるが、多めに数えれば25種ほどの人類が発見されている。私たちヒト（学名はホモ・サピエンス）は、この25種の中の1種である。そして、現在まで生き残った、ただ1種の人類でもある。アウストラロピテクス・アファレンシスやホモ・エレクトゥスやホモ・ネアンデルターレンシス（ネアンデルタール人）なども有名な人類であるが、彼らはすべて絶滅してしまった。

さて人類は、なぜチンパンジーを含む系統と分岐したのだろうか。化石を見るかぎり、**人類が**

チンパンジーを含む系統と分岐した直後に進化させた、と思われる特徴が二つある。直立二足歩行と犬歯の縮小だ。これらの特徴が進化したタイミングと、系統が分岐したタイミングがほぼ同じなので、両者のあいだに何らかの関係がある可能性は高いだろう。それではまず、直立二足歩行から検討してみることにしよう。

類人猿も直立二足歩行をした？

直立二足歩行とは、体幹（頭部と四肢を除く胴体の部分）を直立させ、足を交互に踏み出して、前進することだ。ただの二足歩行とは、ちょっと違う。止まったときに頭が足の真上にくるのが、直立二足歩行だ。

ただの二足歩行をする生物なら、人類以外にもたくさんいる。ニワトリだって、ティラノサウルスだって、二足歩行をする。でも、ニワトリやティラノサウルスの頭は肢の真上に来ないから、直立二足歩行ではない。それでは、人類以外に直立二足歩行をする生物はいないのだろうか。

現生の生物の中には、（人類以外に）直立二足歩行をするものはいない。しかし、絶滅した生物の中には、直立二足歩行をしていたかもしれないものがいる。それは、オレオピテクスという類人猿だ（【図18－1】）。オレオピテクスは約900～700万年前に、現在のイタリアのトスカーナ地方に当たる、地中海の島に住んでいた。

私たちヒトの頭蓋骨には、大後頭孔という大きな穴があいている。これは頭蓋骨が脊椎とつながるところでもあり、脊髄という神経が通る穴でもある。私たちヒトは直立二足歩行をするので、頭が脊椎の真上にのる。だから大後頭孔は、頭蓋骨のちょうど真下に開いている。

しかしそのために、私たちは四つん這いになると、顔が地面の方を向いてしまう。この体勢で前を見ようとすると、顔を無理やり上に向けないといけない。こんな苦しい恰好を長く続けることはできない。そのため、四足歩行をする動物では、大後頭孔が頭蓋骨の真下ではなく、後ろ側

【図 18-1】人類以外で直立二足歩行をしていたかもしれないオレオピテクス。図／『新版・絶滅哺乳類図鑑』（丸善出版）より／伊藤丙雄、岡本泰子

にずれたところに開いている。これなら、四足歩行をしながら、無理なく前を見ることができる。

　チンパンジーやゴリラも二足歩行をすることはあるが、通常は四足歩行をする。だから大後頭孔は、頭蓋骨の真下ではなく後ろ側にずれている。ところがオレオピテクスの大後頭孔は、頭蓋骨の真下に開いていたのである。このように、骨格の構造を見れば、直立二足歩行をしていたかどうかは、だいたい分かる。頭蓋骨だけでなく、骨盤や大腿骨や足首の骨なども参考にすると、オレオピテクスは人類と類人猿の中間的な歩き方、つまり不完全な直立二足歩行をしていた可能性がある。

　もしもオレオピテクスが、不完全にせよ直立二足歩行をしていたとすれば、なぜ直立二足歩行が進化したのだろうか。直立二足歩行をすると、何かよいことがあったのだろうか。ある説では、オレオピテクスが島に住んでいたことが、直立二足歩行を始めた原因だという。

　大型の肉食獣は、小さな島では生きられない。ある大型の肉食獣の系統が、子孫を残しながら代々続いていくためには、少なくとも数百匹ぐらいの個体数が必要だろう。しかし、島には生物が少ないので、そんなにたくさんの大型の肉食獣が生きていけるだけのエサはない。もしも大型の肉食獣がいなければ、オレオピテクスがわざわざ木の上に逃げる必要はない。そこで地面に下りて、直立二足歩行を始めたというのである。直立二足歩行による移動はエネルギー的には効率がよいし、低い枝に実る果実を手でとるにも便利だからだ。

　ただし、反論もある。オレオピテクスの手足には、樹上生活に適応していた特徴もみられる。

したがって、オレオピテクスに直立二足歩行的な特徴がみられるのは、枝にぶら下がったときに、体が直立姿勢になるからだというのだ。

残念ながらオレオピテクスが本当に直立二足歩行をしていたかどうかは、はっきりとはわからない。しかし、もしも直立二足歩行をしていたとしても、それは不完全な直立二足歩行だったし、進化の歴史の中では一瞬のできごとに過ぎなかった。オレオピテクスは、島が大陸とつながって大型の肉食獣がやってきた時点で絶滅した可能性が高いからだ。完全な直立二足歩行を持続的に行っているのは、やはり人類だけといってよいだろう。

地球上の生物はすばらしい多様性を示し、40億年におよぶ長い歴史を持っている。それなのに、完全な直立二足歩行が進化したのは、人類だけなのだ。考えてみれば、これは不思議なことである。たとえば、空を飛ぶ能力を進化させるのは、かなり難しいと考えられる。それでも生物は、空を飛ぶ能力を4回も進化させた。昆虫と翼竜と鳥とコウモリという四つの系統で独立に、完全な飛行能力が進化したのである。それなのに、直立二足歩行は1回しか進化しなかった。おそらく直立二足歩行をするのは、空を飛ぶのよりは簡単だろう。それなのに、1回しか進化しなかったのは、なぜだろうか。

直立二足歩行の利点

直立二足歩行が1回しか進化しなかった理由を考える前に、直立二足歩行が進化した理由に関する従来の説を、いくつか検討してみよう。これらの説は、直立二足歩行をするとどんなよいことがあるかを提案した説である。

一つ目は、太陽光が当たる面積が少なくなる、という説だ。アフリカのサバンナでは、強烈な日差しが容赦なく照りつけてくる。サバンナは草原なので樹木が少なく、なかなか木陰で休むわけにもいかない。そこで、直立姿勢をとることによって、太陽光が当たる面積を減らしたというのである。確かに四足歩行をしていれば、背中全体に太陽光が当たるので、日射病になる可能性は高くなるだろう。一方、直立していれば、太陽光が当たるのは頭と肩ぐらいなので、かなり涼しいはずだ。

二つ目は、頭部が地面から離れるので涼しくなる、という説だ。ジャングルの場合は樹木が太陽光を遮ってくれるので、それほど地面は熱くならない。しかし、サバンナの場合は太陽光が直接地面に当たるので、照り返しも強烈だ。そこで、頭部が地面から離れていれば、反射光や地熱が軽減されるというのである。

三つ目は、遠くが見渡せる、という説だ。草原で肉食獣に襲われないためには、少しでも早く肉食獣を見つける必要がある。そのためには、立ち上がった方が遠くまで見えるのでよい、というわけだ。

四つ目は、大きな脳を下から支えられる、という説だ。私たちヒトの頭部はかなり重く、だいたいボーリングのボールぐらいある。もしも私たちが四足歩行をしていたなら、首の骨でボーリングのボールぐらいの重さの頭を、横から支えなくてはならない。これは、かなりつらい。首の骨が、折れてしまうかもしれない。一方、直立二足歩行なら、重い頭を真下から支えられるので、ずいぶん楽だし、姿勢としても安定する。私たちの脳が大きくなれた理由の一つは、直立二足歩行をしていたからだろう。

五つ目は、両手が空くので武器が使える、という説だ。これは、かつてはとても人気がある説だった。この説についてては、次の章で詳しく見ることにしよう。

六つ目は、エネルギー効率がよい、という説だ。チンパンジーとヒトで歩行するときのエネルギーを測定した実験が行われているが、実ははっきりした結論を出すのは難しい。そもそもチンパンジーとヒトでは体の構造が違うのだから、チンパンジーが四足歩行に使うエネルギーとヒトが二足歩行に使うエネルギーを比べてもあまり意味はないだろう。といって、ヒトが二足歩行をするときと四足歩行をするときのエネルギーを比べてもダメだ。ヒトは二足歩行に適した体の構造をしているのだから、二足歩行の方がエネルギーが少なくて当たり前だ。とはいえ、いくつかの研究から総合的に考えると、四足歩行より二足歩行の方が、エネルギー効率がよい可能性は高い。マラソンのような長距離走は、四足歩行のチンパンジーには無理なのである。

七つ目は、両手が空くので食料を運べる、という説だ。確かに、子供に食料を運んであげたりすれば、それは役に立つだろう。この説についてては、次の次の章で詳しく検討しよう。

以上の七つとも、それぞれもっともな説である。直立二足歩行って、結構よいものなのかもしれない。でも、それならなぜ、直立二足歩行が人類以外で進化しなかったのだろう。特に、一つ目から三つ目の説は、サバンナで直立二足歩行をしたときの利点である。もしも、暑いサバンナで直立二足歩行をすることが有利なら、サバンナで直立二足歩行をする生物が進化したってよさそうなものである。でも、そんな生物はこれまで1種もいなかった。草原で暮らす霊長類（ヒトや類人猿も含めたサルの仲間）にはヒヒやパタスモンキーがいるが、みんな四足歩行をしている。直立二足歩行をするものなんて1種もいないのだ。

また近年では、人類の初期の化石が見つかったために、最初に人類が進化したのは草原ではなく、森林や疎林のような樹木がある環境だったと考えられるようになった。そのため、一つ目～三つ目の説は、おそらく正しくないだろう。四つ目～七つ目の説は、森林や疎林でも成り立つので、正しいかもしれない。しかし、それならなぜ、これまでに森林や疎林で直立二足歩行をする生物が進化しなかったのか、という疑問はやはり残る。

これまでは、直立二足歩行をすると、どんなよいことがあるかを考えてきた。しかし実際には、直立二足歩行は（人類が出現するまで）まったく進化しなかった。おそらく直立二足歩行には、色々な利点をすべて帳消しにするぐらいの重大な欠点があるのだろう。その欠点とは、いったい何だろうか。

直立二足歩行の欠点

フランスの数学者であるパスカル（1623～1662）は、

「（人間は）自然のなかで最も弱いものである。だが、それは考える葦である。彼をおしつぶすために、宇宙全体が武装するには及ばない。蒸気や一滴の水でも彼を殺すのに十分である（前田陽一、由木康訳、中公文庫）」

と『パンセ』の中で述べている。これは精神の偉大さを強調するために述べられた、美しい文章である。ただ、私が最初にこの文章を読んだときに、「そうかなあ?」と思ったことも事実だ。

ヒトはかなり大きな生物である。全ての生物の99・9パーセント以上は、ヒトより小さな生物だ。また、ヒトは霊長類のメンバーである。霊長類は世界中に約500種いるが、ヒトはその中で2番目に大きな霊長類である。ヒトより大きな霊長類はゴリラだけなのだ（ゴリラをヒガシゴリラとニシゴリラの2種に分けることもある。その場合、ヒトは3番目に大きい霊長類だ）。たしかに体の大きさが、そのまま強さになるわけではない。しかし、両者が関係していることは明らかだ。

ネコとライオンの体のつくりは、ほぼ同じである。両者とも鋭い牙や爪がある、典型的な肉食動物だ。ところが私たちヒトは、ライオンには襲われるが、ネコには襲われない。その理由は、ライオンはヒトより大きいが、ネコはヒトより小さいからだ。でも、ネコを恐れる生物だってたくさんいる。スズメもネズミも、ネコを恐れる。それはネコより小さいからだ。もしもヒトがネズミぐらいの大きさだったら、ネコが恐ろしい肉食獣に見えるに違いない。

でも実際には、ヒトはかなり大きい生物なので、かなり強い生物だ。それにもかかわらず、先のパスカルの言葉に共感する人は、たくさんいるのではないだろうか。私は「そうかなあ?」と思ったけれど、でも共感する人の気持ちもわかるような気がする。なぜならヒトは、確かに体は大きいけれど、強烈なコンプレックスを持っているからだ。他の動物に対して、劣等感を持っているからだ。それは、**走るのが遅いからである。**

山でクマに会ったら、どうするか。「静かに後ずさりをする」とか「穏やかに話しかける」とか、いくつかの対策が提案されている。しかし「走って逃げる」という対策を勧める人はいない。なぜなら、ヒトはクマよりも走るのが遅いからだ。直立二足歩行の最大の欠点は、短距離走が苦手なことである。肉食獣の中では走るのが遅いクマやライオンだって、オリンピックの陸上100メートルの金メダリストより速く走れるのだ。

そう考えると、さっきは直立二足歩行の利点として、遠くが見渡せることを挙げたが、そんなことはどうでもよいことに思えてくる。確かに、インパラやシマウマなら、遠くが見渡せる方がよいだろう。少しでも早く肉食獣の存在に気がつけば、逃げられる可能性が高くなるからだ。でもそれは、肉食獣よりも走るのが速いからこそ、言えることだ。もしもヒトがサバンナでライオンに見つかったら、もうおしまいだ。ライオンに少しぐらい早く気づいたって、何の関係もない。いったん追いかけられれば、どうせ追いつかれて、食べられてしまうのだから。

長距離走は得意かもしれないが、短距離走は苦手なのが、直立二足歩行なのだ。そしてこれは、自然界で生きていくには致命的な欠点だ。ちなみに、草原に住んでいる霊長類のヒヒやパタスモンキーは、走るのが非常に速い。やはり、走るのが遅いと、草原では生きていけないのだろう。

それではなぜ、人類では直立二足歩行が進化したのだろうか。直立二足歩行は、よほどの奇跡でも起きなければ、進化しそうにないのに。その奇跡の物語を、次章から見ていくことにしよう。

第19章　なぜ直立二足歩行が進化したか（Ⅱ）人類は平和な生物

直立二足歩行は役に立つか

セーターを着ると暖かい。だから雪が降るような寒い日には、セーターは役に立つ。でも、真夏にグラウンドを走っているときに、セーターを着ていたら、暑くてたまらない。同じセーターでも、役に立つか立たないかは、周囲の条件によって変わるのだ。

直立二足歩行は、走るのが遅いという欠点をもつ、役に立たない形質だった。だから直立二足歩行は、生命が誕生してから長いあいだ進化しなかった。でも、直立二足歩行って、いつも役に立たないのだろうか。夏には役に立たないセーターも、冬には役に立つ。何らかの条件が揃えば、直立二足歩行も役に立つのではないだろうか。

ところで前章では、直立二足歩行の利点についても検討した。直立二足歩行にも、よいところはあるわけだ。ただ、走るのが遅いという致命的な欠点を上回るような利点がなかったので、進化しなかったのだろう。しかし、およそ700万年前に何かが起こり、地球の歴史上初めて、直立二足歩行が進化した。直立二足歩行の利点が欠点を上回ったのだ。では、その約700万年前に起きたこととは何だろうか。それを推測するために、直立二足歩行と並ぶ人類の大きな特徴である、犬歯の縮小について考えてみよう。

人類は平和な生物

アフリカに住んでいるチンパンジーは、コロブスのような小さなサルを襲って食べることもある。しかし、チンパンジーの食物の中で肉の占める割合は、5パーセント程度と言われている。主食は肉ではなくて、果実なのだ。ところが年や季節によって、果実は少なくなる場合がある。そういう不安定な果実をめぐって、群れ同士で争いが起きることがある。

また、チンパンジーは多夫多妻的な群れを作ることが知られている。群れの中には複数のオスと複数のメスがいて、乱婚の社会を作る。そのため、メスをめぐってオス同士の争いが起きる。

このようにチンパンジーは、群れ同士でも群れの中でも、争うことがある。このときのオス同士の争いは苛烈で、相手を殺してしまうことも珍しくない。群れ同士の争いでは、片方の群れのオスが皆殺しにされたケースも報告されている。こういうときに使われるのが、大きな犬歯である。つまり牙だ。

ところが前章で述べたように、人類の犬歯は小さい。他の歯と同じか、むしろ他の歯より小さいぐらいだ。つまり人類には牙がないのである。だから人類は、殺し合いをするのに苦労する。テレビのドラマでは、殺人事件が毎日のように起きている。犯人は、拳銃とか刃物とか花瓶とか、いろいろな凶器を使って殺人事件を起こす。チンパンジーだったら、そんな苦労はしなくていい。嚙めば、それだけで相手を殺せるのだから、凶器なんか使う必要はない。

そもそも、動物にとって最強の武器は牙なのだ。私たちはライオンが怖いし、サメが怖い。でも、何が怖いのかを考えてみると、ライオンやサメに嚙まれるのが怖いのだ。ライオンやサメの牙が怖いのだ。もしもライオンやサメが嚙まなければ、それほどの恐怖は感じないだろう。動物が相手を殺す最強の武器は、牙なのだ。だから、本来ならテレビドラマの犯人は、相手に嚙み付くべきなのだ。しかし私には、犯人が相手に嚙み付いて殺すテレビドラマを見た記憶がない。考えてみれば、これは不自然なことだ。

それでは、どうして人類には牙がないのだろうか。大きな犬歯（牙）を作るには、小さな犬歯を作るよりも、多くのエネルギーが必要である。その分、たくさん食べなくてはならないし、時間もかかる。だから、もしも牙を使わないのなら、犬歯を小さくした方がエネルギーの節約になる。したがって、もし牙を使わない生き方を始めれば、自然選択（の中の方向性選択）によって、犬歯は小さくなっていくだろう。

さきほど述べたが、類人猿では、大きな犬歯は主に争いに使われる。威嚇から殺し合いまで、様々な争いの場面で大きな犬歯は役に立つ。しかし人類では、大きな犬歯を使わなくなった。つまり人類は、あまり争いをしなくなったのだと考えられる。人類は平和な生物なのだ。

人類は平和な生物だという説への反論

ここで公平のために、「犬歯が小さくなったのは、人類同士の争いが減ったから」という説に対する反論を二つ紹介しておこう。一つは「犬歯が小さくなったのは、牙の代わりに武器を使うようになったからだ」という説だ。

人類学者であるレイモンド・ダート(1893〜1988)は、アウストラロピテクス・アフリカヌスの研究をしていた。アウストラロピテクス・アフリカヌスは、約280万年前〜230万年前に生きていた化石人類である。ダートは、アウストラロピテクスと同じ場所で発見されたヒヒの頭骨に、凹みがあることを発見した。ダートは、この凹みがアウストラロピテクスによってつけられたものだと考えた。カモシカの上腕骨でヒヒを殴って、殺したというのである。また、アウストラロピテクスの頭骨にも殴られた跡が見つかり、武器はアウストラロピテクス同士の殺し合いにも使われたと主張した。

ダートの説はこうだ。

「人類は、直立二足歩行を始めたために、両手が自由になった。その手で骨などを握って、武器として使うようになり、狩りや人類同士の殺し合いを始めた。つまり直立二足歩行を始めた人類は肉食であり、武器の使用が脳の大型化を促したのである」

有名な映画「2001年宇宙の旅」の冒頭に、宇宙からきた謎の物体によって、猿人の知性が目覚めるシーンがある。そして知性に目覚めた猿人は、動物の骨を使って、狩猟や仲間同士の殺し合いを始めるのだ。これはダート説にもとづいたシナリオである。ダートの「人類は攻撃的な生物」という説は大変な人気となり、映画や本だけでなく、研究者の中にも賛同する人がたくさんいた。そして、この説に従えば、「人類は両手が自由になったために、牙より強力な武器が使えるようになり、犬歯が小さくなった」ということになる。

しかし、この説にはいくつか問題がある。まず、ダートがこの説の根拠とした、ヒヒやアウストラロピテクスの頭骨の凹みなどは、実は骨で殴られたからできたわけではなかった。ヒョウに襲われたり、洞窟が崩れたりしたためであることが、後の研究で明らかになったのだ。また、そもそもアウストラロピテクスは肉食ではない。腸が長いことなどから考えても、基本的に植物食だったことは明らかだ。

類人猿とは異なる道具を使い始めた年代も問題だ。今のチンパンジーも木の枝や石を道具として使うので、その程度の道具なら、約700万年前に生きていた人類とチンパンジーの共通祖先も使っていた可能性が高い。しかし、石を加工した石器は人類固有の道具で、類人猿には作れない。現在最古の石器は約330万年前のもので、犬歯が縮小した約700万年前とはだいぶ時間的な開きがある。約700万年前に、類人猿とは異なる何らかの道具を、武器として使っていた証拠は、少なくとも今のところ一切ないのである。

さらに、哺乳類を対象に、ある個体が同種の個体に殺される割合を見積もった研究がある。人類でその割合が跳ね上がるのは、農耕が始まってからである。農耕が始まれば、食糧や財産を貯めておく者が現れる。そういう仲間を殺せば、得るものが多いかもしれない。強盗に人気があるのは、貧乏な家ではなく、金持ちの家なのだ。しかし、農耕が始まったのは約1万年前であって、犬歯が縮小したのはそれよりずっと前の約700万年前である。全然、時代が合わないのだ。以上のことを総合的に考えると、ダートの言うような「人類は攻撃的な生物である」という説には根拠がなく、犬歯が小さくなった原因を武器の使用に求めるのは無理があるだろう。

二つ目の反論は「犬歯が小さくなったのは、硬いものを食べるようになったからだ」というものだ。硬いものをすり潰して食べるには、歯が横方向の咀嚼運動をしなくてはならない。しかし、歯を横方向に動かすときに、犬歯が他の歯より飛び出していたら邪魔になる。そのため、犬歯が小さくなったというのである。

アルディピテクス・ラミダスは約440万年前に生きていた初期の人類で、アウストラロピテクスよりも古い人類である。その化石を見ても、横方向の咀嚼運動が発達していた形跡は特にない。また、上顎と下顎の犬歯の比較も、この反論に対する反論になる。横方向の咀嚼運動に邪魔であれば、上顎の犬歯も下顎の犬歯も同じように小さくなるはずだ。一方、武器として使うときは、下顎より上顎の犬歯の方が重要だ。したがって、オス同士の闘いが穏やかになったことが原因で、犬歯が小さくなったのなら、まず上顎の犬歯が小さくなるはずだ。実際に初期の人類の犬歯を調べてみると、上顎の犬歯の方が先に小さくなっていることがわかる。したがって、犬歯が小さくなった原因は、食性の変化も少しは関係していたかもしれないが、主にオス同士の闘いが穏やかになったためと考えてよいだろう。

オスとメスの割合

どうやら犬歯が小さくなった理由は、同種内での争いが減ったためらしい。さきほど述べたように、争いの中でももっとも多いのは、メスをめぐるオス同士の争いである。ということは、類人猿から人類が進化したときに、オスとメスの関係が変化したのではないだろうか。

現生の大型類人猿の群れを調べると、オランウータンと多くのゴリラは一夫多妻、ゴリラの一部とチンパンジーとボノボは多夫多妻的な群れを作る。一夫多妻や多夫多妻の社会では、メスをめぐるオス同士の争いをなくすことは難しい。実際、現生の大型類人猿ではオス同士の争いがしばしば起きるし、犬歯も大きい。一方、一夫一婦的な社会では、メスをめぐるオス同士の争いは、一夫多妻や多夫多妻的な社会よりもずっと少ない。**約700万年前の人類は、一夫一婦的な社会を作るようになったので、オス同士の争いが減り、犬歯が小さくなったのではないだろうか。**

オス同士の争いの激しさを考えるときには、群れの中のオスと発情したメス（交尾可能なメス）の割合も参考になる。たとえば、オス同士の争いがもっとも激しいチンパンジーでは、5〜10頭のオスに対してメスが1頭だ。これがボノボだと、2〜3頭のオスにメス1頭ぐらいで、オスとメスの割合が近づいている。そのため、オス同士の争いはチンパンジーより穏やかである。

ボノボの場合は、争いが起きそうになると、お互いの性器をこすり合わせたりして、緊張を解くことが多い。そうして和解するのである。群れの中のオス同士でも、群れが他の群れと出会ったときでも、争いになることはほとんどない。ごくまれには闘うこともあるようだが、少なくとも死に至ったケースは観察されていない。ボノボは、チンパンジーより平和な種なのだ。

ちなみに、発情していないメスも含めたメス全体の数は、ボノボではオスの数とほぼ同じである。一方、チンパンジーでは、オスの数はメス全体の数の半分以下である。チンパンジーのオスは、他のオスに殺されることが多いからだ。すると、オス1頭あたりのメスの数は、ボノボよりチンパンジーの方が多くなるから、オス1頭あたりの発情したメスの数も、チンパンジーの方が多くなりそうな気がする。それなら、ボノボよりチンパンジーの方が、平和な生物になりそうな気がする。でも、そうではないのだ。

チンパンジーのメスは、出産後3年半～4年ほど排卵しないので、その間は妊娠しないし、発情もしない。一方、ボノボのメスも、出産後3～4年ほど排卵しないので、その間は妊娠しない。ところが出産後1年ほど経つと、まだ妊娠しないにもかかわらず、発情だけは再開する。つまりニセ発情だ。このため、ボノボのメスの発情期間は、チンパンジーのメスよりも長くなる。結局、総合的に考えると、オス1頭あたりの発情したメスの数は、チンパンジーよりもボノボの方が多くなるのである。

私たちヒトは、類人猿と異なり、発情期がない（というか、いつでも発情期だ）。だから、いつでも交尾ができる。その結果、オスと発情したメスの割合が1対1に近くなっている。そのため、ヒトは進化的には、ボノボ以上に平和な種なのだろう。ヒトの犬歯がボノボの犬歯よりさらに小さいのは、その証拠と考えられる。

とはいえ、発情期がないというのは、あくまで現在のヒトの話である。約700万年前の初期の人類では、どうだったのだろうか。生物の行動や社会は、化石として残らないので、直接的な証拠がない。そこで間接的な証拠から推測するしかないのが、つらいところだ。しかし、今まで述べてきたように、犬歯が小さくなったことと、一夫一婦的な社会をもつ平和な種ということが関連している可能性は高いと考えられる。そうであれば、一夫一婦的な社会を成立させるのに有利な、発情期の喪失が起きた可能性は十分にあるだろう。

なぜ、大きな欠点のある直立二足歩行が進化したのか。その答えは、直立二足歩行だけを見ていても分からない。犬歯の縮小や、一夫一婦的な社会形態との関連の中から、答えが浮かび上がってくるのではないだろうか。それを、次章で見ていくことにしよう。

第20章　なぜ直立二足歩行が進化したか（Ⅲ）

一夫一婦制が人類を立ち上がらせた

直立二足歩行の利益は変化する？

第18章では、直立二足歩行の利点を七つほど挙げたが、走るのが遅いという重大な欠点があるために、これまで進化しなかったことを述べた。第19章では、犬歯の縮小は一夫一婦制（か、それに近い社会形態）と関係がありそうなことを述べた。

確かに直立二足歩行は、人類以前に1度も進化しなかった。しかし、これまでの推論が正しければ、以下のような場合は、直立二足歩行が進化するのではないだろうか。それは、一夫一婦制（か、それに近い社会形態）になったために、直立二足歩行の利点の一つが大きくなり、欠点を上回った場合である。それでは第18章で挙げた、直立二足歩行の利点のうち、一夫一婦制になると利益が大きくなるものはどれか、検討してみよう。

第18章で挙げた、直立二足歩行の利点の一つ目は「太陽光が当たる面積が少なくなる」という説だった。これは、一夫一婦制になったから、ますます太陽光が当たる面積が少なくなった、ということはないだろう。一夫一婦制とは関係ない。同様に二つ目の「頭部が地面から離れるので涼しくなる」という説も、三つ目の「遠くが見渡せる」という説も、一夫一婦制とは関係なさそうだ。しかも、この三つの説は、「直立二足歩行が最初に進化したのは、草原でなく森林あるいは疎林である」という現在の説に合わない。この三つの説は、直立二足歩行が草原で進化したことを、前提としているからだ。

四つ目の「大きな脳を下から支えられる」という説も、一夫一婦制とは関係なさそうだ。しかも、脳が大きくなり始めるのは約250万年前だが、直立二足歩行はすでに約700万年前には進化している。タイミングが合わないのだ。五つ目の「両手が空くので武器が使える」という説は、現在ではほぼ否定されている。それは、前章で述べた通りである。六つ目の「エネルギー効率がよい」という説も、一夫一婦制とは関係なさそうである。一夫一婦制になると歩き方が変わり、エネルギー効率がますますよくなる、なんてことはないはずだ。

さて、最後の七つ目の説はどうだろうか。「**両手が空くので食料を運べる**」という説だ。食料を運ぶことによって、得をするのは誰だろうか。もちろん、運ぶ本人も得をすることがあるだろう。たとえば地面の上で食物を見つけても、その場でゆっくり食べられるとは限らないからだ。もしかしたら、肉食獣がやってくるかもしれない。そんなところからは一刻も早く立ち去って、安全な木の上などで食べた方がよいだろう。**でも、運ぶ人よりも、もっと得をする人がいる。それは運ばれる人だ。**

たとえば、子供や子供を育てているメスが、広い範囲を歩き回って食物を探すのは大変だ。誰かが食物を運んできてくれれば、とてもありがたい。食物が運ばれてくれれば、子供やメスは大きな利益を得ることができる。さて、社会形態が多夫多妻制か一夫多妻制か一夫一婦制かによって、この利益の大きさは変化するだろうか。

一夫一婦制と直立二足歩行

四足歩行をしている類人猿の集団を考えよう。その集団の中の1頭（ここでは仮にオスとする）に突然変異が起きて、直立二足歩行をするようになったとする（もちろん1回の突然変異でいきなり直立二足歩行ができるようにはならないが、ここは単純化して考えよう）。そして、この直立二足歩行は、子に遺伝するとしよう。

直立二足歩行をするオスは、メスや子供に食物を手で抱えて運んでくる。すると、その子供は、食物を運んできてもらえない子供よりも生き残る確率が高くなり、子（最初のオスからみれば孫）を残す確率も高くなる。つまり、食物を運んできてもらうと、子供の生存率や繁殖率は高くなるわけだ。

ここまでは、多夫多妻制でも一夫多妻制でも一夫一婦制でも、話は同じである。しかし、この先が違ってくる。まず、一夫多妻制の場合は、オスが積極的に子育てに参加することは考えにくい。子供がたくさんいるので、子育てはメスに任せることになるからだ。そこで、一夫多妻制は脇に寄せておいて、以下では多夫多妻制と一夫一婦制を比較してみよう。

多夫多妻制の場合、どのメスが産んだどの子が、自分の子なのかわからない。したがって、直立二足歩行によって食物を運んで「生存率や繁殖率を高く」してあげた子は、自分の子ではないかもしれない。もしも一生懸命にエサを運んで育てた子が自分の子でなかったら、その子には直立二足歩行が遺伝しない。だから、その子が生き残って大人になっても、直立二足歩行はしない。したがって、直立二足歩行をする個体は増えていかないことになる。

一方、一夫一婦制の社会ならば、どうだろうか。この場合は、ペアになったメスが産んだ子は、ほぼ自分の子と考えてよい。したがって、直立二足歩行によって食物を運んで「生存率や繁殖率を高く」してあげた子は、自分の子だ。自分の子には直立二足歩行が遺伝するので、その子が生き残って大人になれば、直立二足歩行をする。だから、直立二足歩行をする個体は増えていくことになる。

「両手が空くので食料を運べる」ことは、直立二足歩行の利点の一つである。そして「両手が空くので食料を運べる」ことによって得られる利益の大きさは、社会形態によって変化する。一夫一婦制の場合に利益が大きくなるのだ。この場合の利益とは、自分が残せる子供の数である。

肉食獣に食べられることも必要

以上の話をまとめれば、「自分の子には食物を運び、他人の子には食物を運ばない（つまり、どの子が自分の子かわかる）」場合には直立二足歩行は進化するし、「自分の子にも他人の子にも等しく食物を運ぶ（つまり、どの子が自分の子かわからない）」場合には直立二足歩行は進化しない、ということだ。

では、その中間の、不完全な一夫一婦制はどうだろう。「自分の子にも他人の子にも食物は運ぶが、自分の子により多く食物を運ぶ（つまり、どの子が自分の子かだいたいわかる）」場合である。この場合も、直立二足歩行は進化する。たとえほんの少しであっても、他人の子より自分の子の方が生存率や繁殖率が高ければ、直立二足歩行は進化するのだ。

実際、初期の人類で、いきなり一夫一婦制が成立したとは考えにくい。たとえば多夫多妻的な社会の中で、一夫一婦的なペアが形成されるような中間的な社会を経由したと考える方が自然だろう。

つい私たちは「全か無か」といった感じで、両極端だけを考えてしまう。でも実際には、中間的なことがほとんどだ。それは、一夫一婦制についてだけでなく、他の多くのことにも当てはまる。

たとえば、初期の人類が草原を直立二足歩行で歩いていたとしよう。人類は走るのが遅いし牙もないので、肉食獣に襲われたらひとたまりもない。しかし、その場合でも、たちまち全ての人類が肉食獣に食われまくって、あっという間に絶滅するわけではない。

アフリカの草原にはヒヒがいる。ヒヒは四足歩行で素早く走ることができる。では、ヒヒは走るのが速いので、全く肉食獣に食べられないかというと、そんなことはない。ヒヒがどのくらい肉食獣に捕食されるかは推定が難しいが、ある研究では50頭の集団で1年間に捕食されるのは1〜2頭だという。

初期の人類が捕食される割合は、もっと高かったかもしれない。たとえば50人の集団で1年間に5人ぐらい捕食されたかもしれない。でも、50人の集団で1年間に5人ぐらい子供を産むことは何とか可能だろう。それなら（病死などを無視すれば）人類は絶滅しない。しかし、50人の集団で1年間に10人ぐらい食べられたら、さすがに人類も絶滅するだろう。だが実際には、人類は生き残ったのだから、捕食されただけの人数を産むことができたのだ。

そもそも肉食獣に食べられなかったら、人類は爆発的に増えてしまう（現在の地球はその状況に近い）。人口をだいたい一定に保つためには、肉食獣に食べられることが必要なのだ。１９２６年にアメリカのイエローストーン国立公園で、オオカミが人間によって根絶された。オオカミがいなくなったためにシカが増え、植物を大量に食べてしまった。そのため森林は荒廃し、樹木が残っている地域はかつての5パーセントほどに減少してしまった。その後もいろいろあったのだが、結局１９９５年にオオカミを人為的に再導入したおかげで、緑豊かな森林がよみがえった。そんな例もあるのだ。初期の人類だって、ある程度は肉食獣に食べられて当然なのである。

ちなみに、オオカミを再導入した後のイエローストーン国立公園では、シカはだいたい1万数千頭、オオカミはだいたい100匹ぐらいで安定しているようだ。肉食獣って、意外と少ないのだ。だから、肉食獣が初期の人類を、お腹がいっぱいになるまで食べたとしても、なかなか人類を食べつくすところまでは、いかないだろう。人類以外の獲物だっていたはずだし。要はバランスの問題だ。

直立二足歩行には欠点も利点もあったが、昔は欠点の方が大きかった。ところが、**ある類人猿のグループで、不完全ながらも一夫一婦制的な社会形態が発達すると、直立二足歩行の利点が大きくなり、欠点を上回るようになったのだろう。**別の言い方をすれば、その類人猿のグループでは、四足歩行をするより直立二足歩行をした方が、産まれる人数から肉食獣に食べられる人数を引いた数（つまり生き残る数）が多くなったのだろう。そういう類人猿のグループが、他の類人猿から分かれて、人類と呼ばれるようになったのである。

人類の一夫一婦制は特殊

人類において、一夫一婦的なペアが作られた。これは、とても珍しいことである。いや、たしかに霊長類の中にもテナガザルのように、一夫一婦的なペアを作る種はいる。しかし、それらの種では、ペア（と子供）だけで暮らしている。集団生活をしながら、その中でペアを作っているわけではない。複数のオスやメスがいる集団の中で、ペアを作るのは難しいのだろう。

テナガザルが、ペアである2匹だけでも暮らしていけるのは、森林に住んでいるからだ。森林は危険の少ない環境なので、集団で肉食獣を警戒したり追い払ったりする必要が少ないからだ。

一方、疎林や草原のような危険の多い環境では、ヒヒのように集団生活をしなければ暮らしていけない。しかし、集団生活の中で一夫一婦的なペアを作ることは難しいので、人類以外にそういう種はいない。集団生活の中でペアを作ったのは、人類が初めてなのだ。

集団生活中のペアも、直立二足歩行も、他の霊長類には見られない人類だけの特徴である。ということは、もしかしたら両者の間には関係があるかもしれない。そして、確かに思考実験においては、一夫一婦的な社会であれば「両手が空くので食料を運べる」という説は無理なく成り立ち、直立二足歩行は進化するのである。以上のことを総合的に判断すると、直立二足歩行が進化した理由としては、「両手が空くので食料を運べる」という説が、現在のところもっとも可能性の高い仮説といってよいだろう。

あとがき

こういうことを書くのは、少し気恥ずかしいが、私はゲーテが好きだ。あの、ドイツの文豪ゲーテである。高校のころに、岩波文庫の翻訳でゲーテの著作を読むようになり、大学に入ってゲーテについての解説書も読むようになった。

当時のゲーテに関する本は、ゲーテを尊敬している著者によって書かれた本がほとんどだった。ゲーテが立派なことを言えば、「立派だ」という。ゲーテがひどいことを言っても、「その言葉は一見ひどいことを言っているようにみえるが、実は深くて素晴らしい意味が込められている。だから立派だ」という。つまり、ゲーテが何を言おうと、ゲーテは立派なのだ。私はそういう本を読みながら、ゲーテを好きになり、ゲーテを尊敬していた。

そんなときに出会ったのが、岩波新書の『人間ゲーテ』（小栗浩著）だった。この本の著者は、決してゲーテを崇拝していない。ゲーテに反感を覚えることもあるそうだ。著者は本の最後の方で、ゲーテのことを悪く書きすぎたのではないか、と少し後悔（？）しているほどだ。『人間ゲーテ』はできるだけ、ありのままのゲーテを伝えようとした本だ。ゲーテのいい面ばかりでなく悪い面も紹介し、そのうえで本当にゲーテを好きになってもらおうとした本である。その本の狙いは、私という読者の中で、恥ずかしながら、完全に成功した。私は、ゲーテに対する尊敬の念は10分の1ぐらいに減ったけれど、今までの何百倍もゲーテを好きになった。というか、今までの自分は、ゲーテを好きではなかったんだな、とさえ思った。

今までの自分なら、もしかしたらゲーテのひどい面を少し知っただけで、ゲーテが嫌いになったかもしれない。でも『人間ゲーテ』を読んだあとの自分なら、ゲーテにはよい面もあるけれどひどい面もあることを知っているから、ちょっとやそっとのことでは、ゲーテを嫌いにならないだろう。そもそもゲーテの一面しか知らず、ゲーテを正しく認識していなければ、好きも、嫌いも、尊敬も、軽蔑も、できないはずだ。

そんなことを懐かしく思い出しながら、この本を書かせていただいた。この本で、ゲーテのかわりに出てくるのはダーウィンだ。ダーウィンが偉大な進化生物学者であることに疑いはない。しかし、ダーウィンは神への信仰を持っていた時期と、神への信仰を失った時期の中間で『種の起源』を書いている。そのため『種の起源』は神学書のようでもあり科学書のようでもある、微妙な内容になっている。そしてダーウィンは間違ったこともたくさん言っている。でも、やっぱりダーウィンは、史上最大の進化生物学者なのだ。

ところが、たびたび見たり聞いたりするのは、「ダーウィンの進化説は現在でも通用している」とダーウィンを持ち上げすぎたり、「ダーウィンなどもう時代遅れだ」と落としすぎたりする意見だ。でも、それらはどちらも正しくないし、ダーウィンに親しむ妨げにもなっていると思う。

さらに本書では、話題をダーウィンから進化生物学にまで、少し広げさせていただいた。ダーウィンや進化について、親しむきっかけになれば幸いです。

最後に、多くの助言を下さった新潮社の今泉正俊氏、本書を良い方向に導いて下さった多くの方々、そしてこの文章を読んで下さっている読者の皆様に、厚く御礼申し上げます。

更科　功

2018年12月

主要参考文献（日本語の一般書籍）

第1部

『ダーウィン前夜の進化論争』（名古屋大学出版会）松永俊男
『ダーウィンの時代』（名古屋大学出版会）松永俊男
『ダーウィニズム』（新思索社）A・R・ウォレス（訳・長澤純夫、大曾根静香）
『ダーウィンの思想』（岩波書店）内井惣七
『チャールズ・ダーウィンの生涯』（朝日新聞出版）松永俊男
『講座 進化1〜7』（東京大学出版会）柴谷篤弘、長野敬、養老孟司（編）
『進化とはなにか』（講談社）今西錦司
『進化論の見方』（紀伊國屋書店）河田雅圭
『近代進化論の成り立ち』（創元社）松永俊男
『はじめての進化論』（講談社）河田雅圭
『現代の進化論』（岩波書店）C・パターソン（訳・磯野直秀、磯野裕子）
『進化』（東京大学出版会）森亘ほか
『古生物の総説・分類』（朝倉書店）速水格、森啓（編）

『はじめての地学・天文学史』（ベレ出版）矢島道子、和田純夫（編著）
『進化　連続か断続か』（岩波書店）S・M・スタンレー（訳・養老孟司）
『大進化』（マグロウヒル出版）ナイルズ・エルドリッジ（訳・高木浩一）
『歌うカタツムリ』（岩波書店）千葉聡
『分子進化の中立説』（紀伊國屋書店）木村資生（訳・向井輝美、日下部真一）
『分子進化のほぼ中立説』（講談社）太田朋子
『生物の世界』（講談社）今西錦司
『主体性の進化論』（中央公論社）今西錦司
『進化発生学』（工作舎）ブライアン・K・ホール（訳・倉谷滋）
『DNAから解き明かされる形づくりと進化の不思議』（羊土社）ショーン・B・キャロルほか（訳・上野直人、野地澄晴）
『シマウマの縞　蝶の模様』（光文社）ショーン・B・キャロル（訳・渡辺政隆、経塚淳子）
『エピジェネティクス』（岩波書店）仲野徹
『エピゲノムと生命』（講談社）太田邦史

第2部

『移行化石の発見』（文藝春秋）ブライアン・スウィーテク（訳・野中香方子）
『水辺で起きた大進化』（早川書房）カール・ジンマー（訳・渡辺政隆）
『ヒトのなかの魚、魚のなかのヒト』（早川書房）ニール・シュービン（訳・垂水雄二）